名古屋から消えた
まぼろしの
川と池

前田栄作 Maeda Eisaku

はじめに

全国の桜の名所には川沿いの場所が意外と多い。名古屋でも山崎川の桜は有名だ。ただ、市内を流れる川は少ない。名古屋の城下町は台地の北の端に城を築き、その南に町を整備した。大坂は八百八橋《はっぴゃくやばし》という言葉に代表されるように多くの川があった。江戸の町は埋め立てによってつくられた土地が多く、井戸を掘っても良水が得られにくかったため、上水道（用水）が張り巡らされていた。台地の上につくられ、江戸や大坂に比べると、川や上水道がそろっていたとは思われない名古屋だが、水には恵まれていた。その理由は豊富な地下水にあった。

現在名古屋の中心部を流れる川は名古屋城築城の時、建築資材を運ぶために開削された堀川と明治時代につくられた新堀川、あとは中川運河しかない。新堀川はもともと精進川という川であったが、かつてはどんな川で、どんな歴史があり、水源はどこにあったのかなど、あまり知られていない。中区にあった川として、堀川のほかには紫川と呼ばれる川が知られているくらいだ。

紫川は広小路から白川公園方面を経て、新洲崎橋のあたりで堀川へ流れ、大正時代頃まであった。明治22年（1889）につくられた『尾張名所図絵』に名古屋市役所の正門に沿って小さな川が描かれている。これが紫川だ。当時の市役所は現在の丸の内ではなく、広小路にあった。ところが堀川や紫川以外にも中区には川や池があった。さらに、西区や中村区にも何本もの川が流れていた。

江戸時代になると、現在の南区、港区、熱田区といった海岸近くの地域で新田開発が行われたが、千種区、昭和区など、海から離れた地域でも新田開発が行われた。やがて名古屋城下周辺の古井村、末森村、丸山村（以上千種区）、御器所村、伊勝村、川名村、石仏村（以上昭和区）、前津小林村、古渡村（以上中区）、高田村、本願寺新田村、本願寺村、大喜村、北井戸田村、井戸田村（以上瑞穂区）などに田畑が広がっていった。新田開発には当然、水が必要になり、ため池がつくられる。それらの水をどこからどのように供給したのだろうか。

名古屋東部を流れる川といえば山崎川である。源流は千種区の平和公園内にある猫ケ洞池だ。かつて、現在の千種区や昭和区など名古屋東部にあたる村々には多くのため池があり、また猫ケ洞池を水源とした数多くの用水が引かれていた。

それらのため池は、ごく一部が公園の池となり、あるいは大雨の時の治水対策として残されているだけで、ほとんどは埋め立てられ、消えた。同時にため池から田畑へと水を供給していた小川（用水）も消えてしまった。わずかに残されたため池も、形状が変わりかなり小さくなっている。

いまではビルの建ち並ぶ繁華街、多くの自動車が行き交う道路、住宅や店舗の密集している地域なども、100年前、200年前は長閑《のどか》な田園が広がっていた。水を湛《たた》えた池やさらさらと流れるせせらぎがあり、メダカをはじめ、たくさんの小魚が遊び、春になると岸辺には色とりどりの野の花が咲き誇っていた。

戦後の日本は急速に工業化の道を歩み、人口増加と都市化が進展した。農地は減少し、ため池は宅地に変わり、せせらぎも埋められるか暗渠となった。江戸時代の尾張が豊かであったのは、豊かな農地に恵まれていたからであり、その農業を支えていたのがため池であった。神社、仏閣、そのほかの建造物などであれば、文化遺跡として語り継がれることは多い。ところが消えたため池やせせらぎは顧みられることがない。ため池やせせらぎといえど、地域経済の発展を支えてきた遺跡の一つといえるのではないだろうか。

どこに、どんな池があり、そこから導かれた小川はどこを通り、どこへ流れていたのだろうか。それを知るための手がかりとなるのが江戸時代につくられた村絵図である。これは尾張藩が各代官に命じて藩内の村々の名前、戸数、人口、田畑面積、年貢高、牛馬の数、神社仏閣などを細かく書き込んだ絵図である。ため池や用水などについても色分けして示されている。

ただ、地図として見るには極めて不正確で、田畑や池、川、水路、道など、大雑把な位置関係しかわからない。ほかには江戸時代に書かれた『尾張志』や『尾張徇行記』なども川やため池についてふれている。

明治時代に入っても、多くのため池が使われていた。江戸時代につくられた村絵図と明治24年につくられた2万分の1の地図などを見比べ、池、川、道などの場所の見当をつけても、大正から昭和にかけて耕地整理事業や土地区画整理事業が盛んにおこなわれ、さらに戦後の宅地開発などによって川の流路、道路の位置が明治時代とは大きく異なっている。目印となる寺や神社も、明治以降に移転したものも多い。池の名称も、同じ池であったとしても、資料によって異なる名称となっている。古い史料を尋ねても、明治になってから町村の合併や分離が行われているため、村域がかなり変化している。池の位置については何々村の東方とか、字名《あざ》くらいしかわからない。字名が書いてあったとしても、現在、それがどこの場所になるのか、必ずしも明確でないところが多い。

かつて、ここに池があったと記憶されている場所はごく一部しかない。それでも限られた情報をもとに、かつて池や小川が流れていたと思われる場所を推測しながら捜し歩いてみた。

◆固有名詞の読み方について

川、池、地名などの固有名詞は、村絵図、書物、その他文献によって、必ずしも一致していません。同一の漢字表記であっても、新池のように「あらいけ」「しんいけ」のように異なる読み方をする場合、同じ池に「望来池」「毛来池」のように異なる字が使われている場合もあります。また、明治以前の資料には名前のないものもあります。本書ではできる限り従来から使われていたと思われる読み方でルビを付しています。

◆右岸、左岸について

川の上流から見て右側を右岸、左側を左岸といいます。本文では必要に応じ、例えば右岸（東）のように方角も併記しました。

名古屋から消えたまぼろしの川と池◎目次

東山動植物園の上池（写真提供：名古屋市東山動植物園）

第三章　山崎川周辺のため池

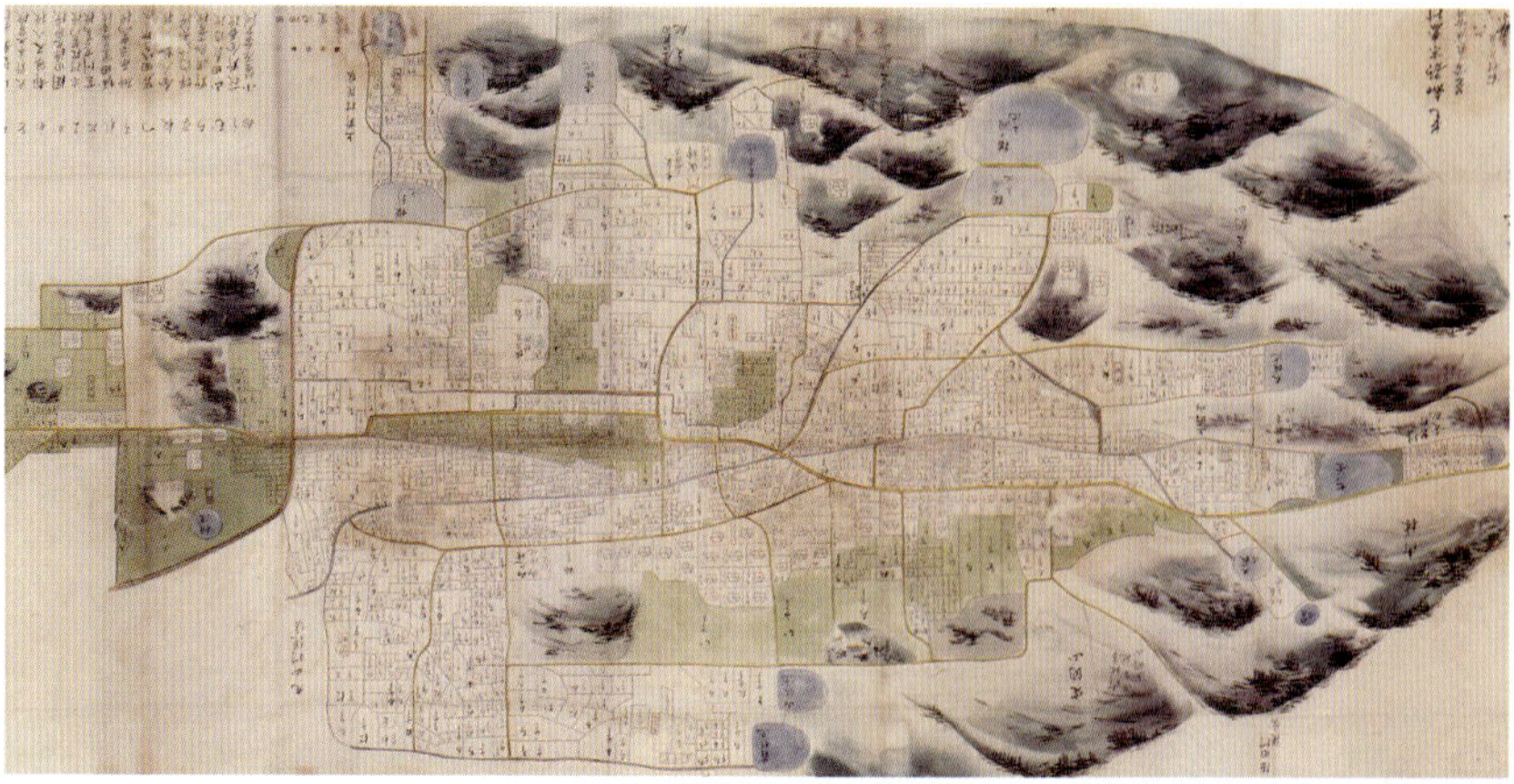

「村絵図　愛知郡　末森村」（弘化３年）徳川林政史研究所所蔵

第四章　繁華街・今池を流れていた何本もの川

第五章　名古屋台地を潤した湧水と幻の精進川

「天王嵜天王社」『尾張名所図会』前篇巻二

第一章　名古屋東部の新田開発と猫ヶ洞池

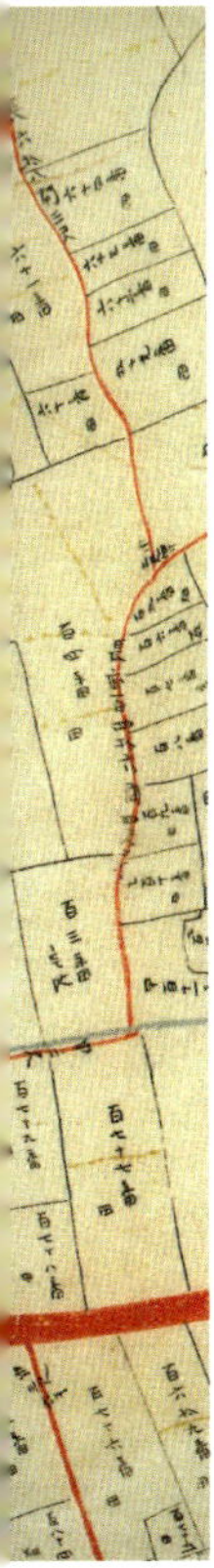

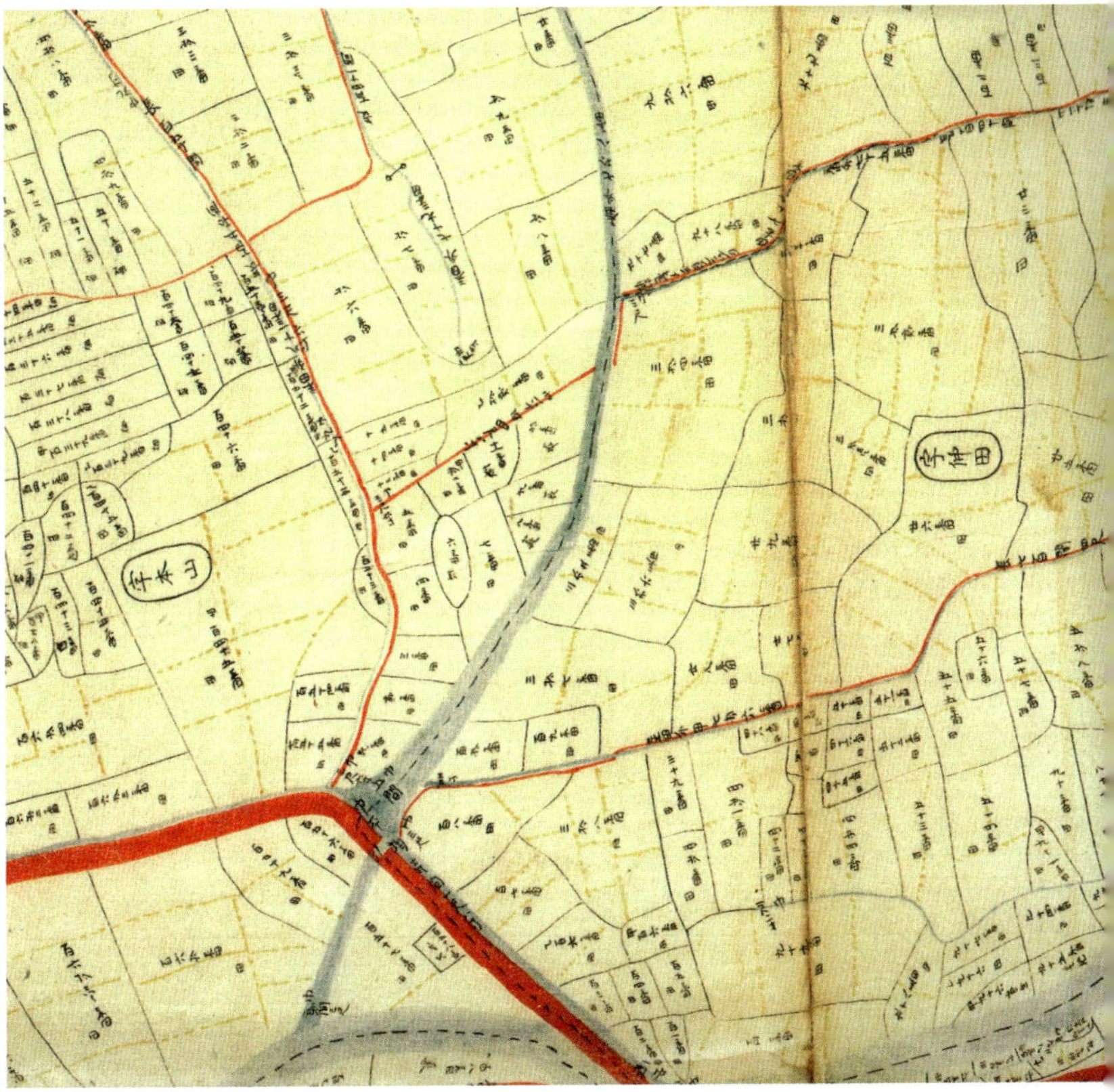

「明治 17 年 地籍図 田代村」愛知県公文書館所蔵

公園の一部として生き残った「ため池」

昭和12年（1937）に開園し、名古屋を代表する行楽地の一つに数えられている東山動植物園。動物園の本園にある**上池**《かみいけ》（ボート池）は、休日になると多くの人が楽しそうにボート遊びに興じている。

この池は動植物園建設のときにつくられたと思っている人が多いかもしれないが、もともとは江戸時代につくられた農業用のため池であった。

東山動植物園の上池。江戸時代からあるため池で源蔵池と呼ばれていた（写真提供：名古屋市東山動植物園）

1960年代半ば頃まで、名古屋市内には300以上のため池があった。その多くは現在の千種区、昭和区、名東区などの名古屋の東部丘陵地につくられていた。もちろん農業用の水を確保するためである。

しかし、日本が高度経済成長期に入ると都市部への人口集中が始まり、多くの農地が宅地に変わり、ため池は役割を終え、水利権（水を優先的に使う権利）は消滅していった。自治体や国が所有するため池よりも、民有のため池が圧倒的に多かったため、農地の消滅に伴い、ため池は大幅に数を減らしていった。ただ、一部の池は公園の中に取り込まれることによって生き延びたり、大雨の時の治水を目的に、調整池として使われているものもある。

現在、瑞穂区内に池は見当たらない。しかし瑞穂区の弥富公園内（瑞穂区弥富ケ丘）の多目的グラウンドの下に貯水容量3万1000立方メートルの雨水調整池がある。ここはかつて**大根池**《おおねいけ》というため池であった。

昭和区には鶴舞公園の**竜ケ池**《たつがいけ》、杁中の隼人池公園の**隼人池**《はやといけ》がある。いずれも公園の一部となっている。

千種区内には東山公園の上池のほかに、千種スポーツセンター（千種区星が丘山手）の横にある**新池**《しんいけ》（七ツ釜池）、平和公園の**猫ケ洞池**《ねこがほらいけ》、**大坂池**《おおさかいけ》、名古屋大学

弥富公園グラウンド。この下に大雨時に水を貯める調整池がつくられている

構内の**鏡ケ《ががみが》池**、蓋をして自由ヶ丘小学校の校庭の一部となっている貯水容量1万立方メートルの**自由ケ丘調整池**、茶屋ヶ坂公園の**茶《ちゃ》屋《や》ケ坂《がさか》池**などがある。

これらの池に共通していることは、池の水をどこから集め、どこへ流しているのか、つまり池の流出入河川がはっきりしなくなっていることだ。鏡ケ池や隼人池には流出口が見られる。ただし流出入する水量は非常に少ないか、水の流れていないことが多い。

かろうじて現在まで残っているいくつかの池も、一部が埋め立てられるなどし、池の規模はかなり小さくなっている。そうした中で、比較的規模が大きく昔に近い形状で残されているのが猫ケ洞池だ。

沢水を集めてつくられた猫ケ洞池

猫ケ洞池は名古屋市東部を流れる川の代表である山崎川の水源であるが、一見しただけでは流出入河川がよくわからない。

猫ケ洞池は昔は二つの池から成り立っていた。現在、猫ケ洞池と呼ばれている上池は、江戸時代前期の寛文4年（1664）につくられた。そして同6年（1666）に堰堤のすぐ下に下池がつくられた。池をつくったのは尾張藩二代藩主・徳川光友《みつとも》である。戦国時代が終焉して約半世紀が過ぎ、人口も増えていた。ため池をつくるのは、その水で田畑を開拓し、食

猫ケ洞池。堰堤のすぐ下に下池もつくられたが、昭和になって埋め立てられた

糧増産により藩の財政を充実させるためである。

下池からは用水路が引かれ、現在の千種区や昭和区方面へと水が導かれた。この用水路は一般に**猫ケ洞用水**と呼ばれているが、水路は一本だけでなく複数本あり、場所や地域によって呼び名が異なる場合もあった。また、用水のことを**溝**《こう》と呼ぶこともあった。

上池の大きさは縦約９４７メートル、横約６８４メートル、周囲約３キロメートルで現在よりもかなり大きかった。下池は縦約３０９メートル、横約２３６メートル、周囲約１キロメートルであった。

また、現在の猫洞通2の交差点あたりに、**かごの池**という小さなため池があり、平和公園の南には**奥村池**と**大坂池**があった。湿地の中に自然にできたのか、ため池としてつくられたのかはわからないが、東山公園から平和公園にかけ、小さなものも含め、いくつものため池があった。

猫ケ洞池は平和公園の西側に陣取っている。平和公園は太平洋戦争中の空襲で焼け野原となった名古屋戦後復興事業として、広い道路を整備するなどのため市内各所にあった寺（約２８０寺）の墓地を移してつくられた。戦争が終わった昭和20年代初め頃は、このあたり一帯は森林原野が広がっており、たくさんの墓地を移転させることができた。江戸時代、このあたりに集落はなく、人もほとんど住んでいない寂しい場所

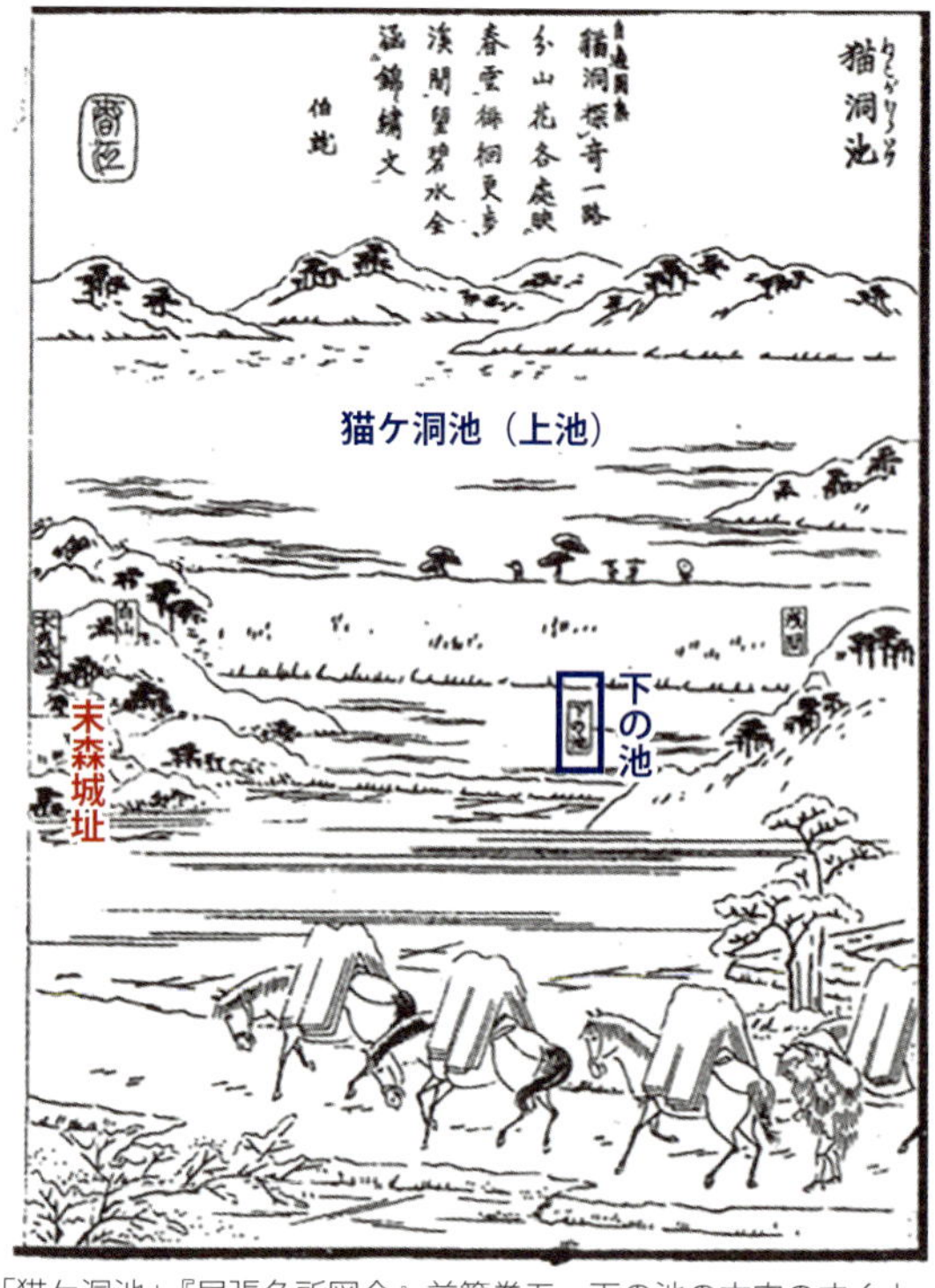

「猫ケ洞池」『尾張名所図会』前篇巻五。下の池の文字のすぐ上にある堰堤の向こうが猫ケ洞池（上池）。左端が末森城址（城山八幡）

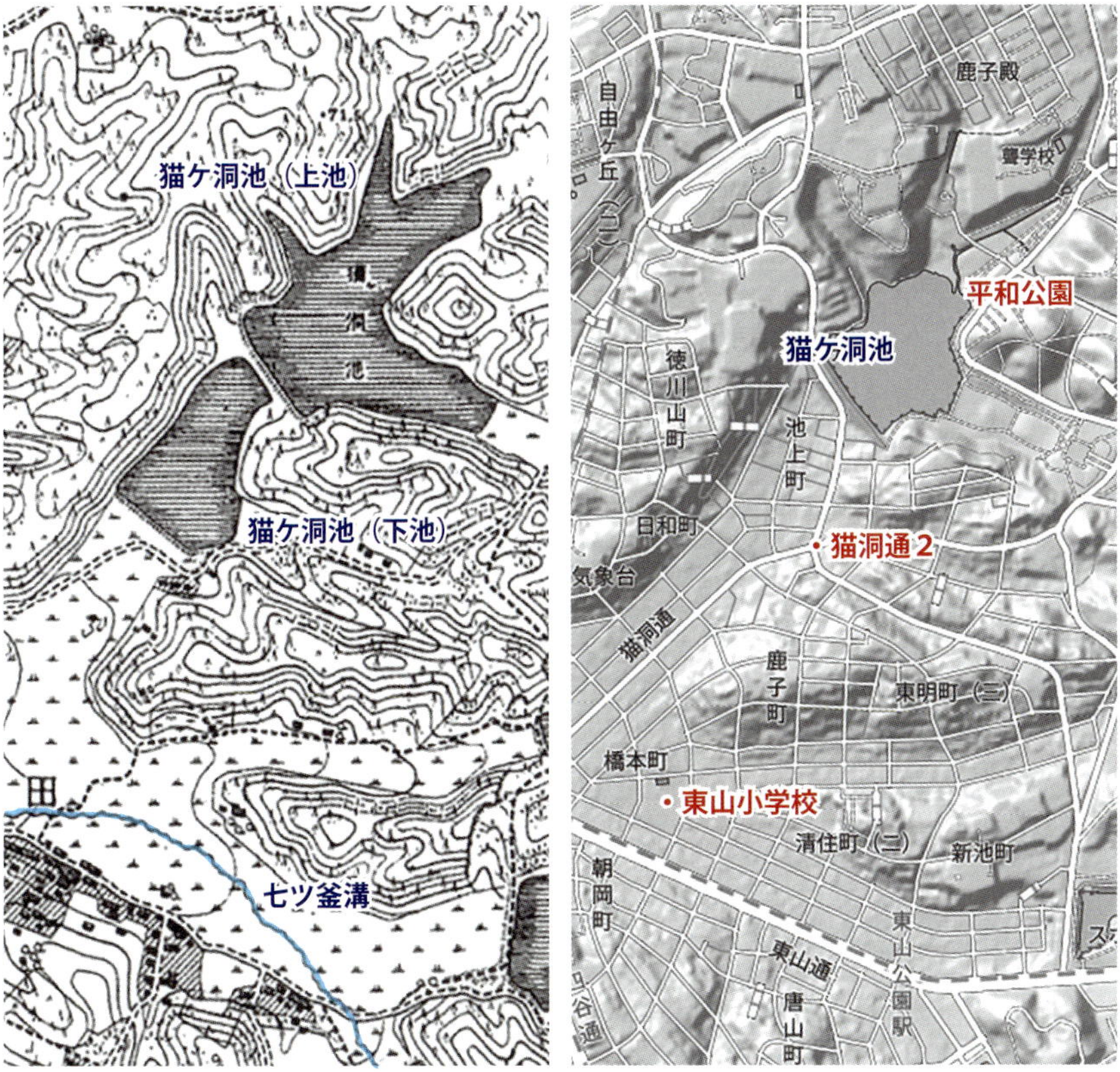

猫ケ洞池と下池。明治の地図に猫ケ洞池からの流路は描かれていないが、猫ケ洞池からの流れ（山崎川）は本山交差点のあたりで七ツ釜溝に合流した。池上町が下池のあった場所（左：明治 24 年・2 万分の 1：国土地理院、右：地理院地図 Vector を加工して作成）

であった。

　ところで猫ケ洞という響きにはどことなくおどろおどろしさが感じられる。平和公園の北に鹿子《かのこ》公園が隣接し、北側の町名は鹿子殿《かのこでん》で南には鹿子町がある。これは「かねこ」が「かのこ」に変化した言葉のようだ。

　猫ケ洞池のあたりはかつて兼子山《かねこやま》とか金児硲《かねこはざま》と呼ばれていたのが、いつしか「か」が省略されてネコになり、ネコガホラと呼ばれるようになったといわれている。洞も硲《はざま》も谷間や谷あいの狭い場所を指す言葉で、迫間、廻間、狭間（いずれも読み方はハザマ）なども書く。「カネコ」は鋳物師《いもじ》（鉄や銅などで生活用具などを鋳造する人）が住んでいた土地に多い名前だともいう。いずれにせよ「猫」とは関係なさそうだ。

　池の形を見ると、北側に二カ所、角

のように山へ食い込んでいるようなところがある。また北東や東の方へ谷に沿って水面が延び、ダム湖と同じような形をしている。沢が何本も集まった場所に堰を設け、そこへ幾筋もの沢の水を溜めてつくられていることがわかる。猫ケ洞のあたりは大きなため池をつくるのに適した地であった。

濃尾地震と猫ケ洞池の決壊

かつて猫ケ洞池から本山交差点まで**山崎川**が流れていたが、昭和50年前後に暗渠化され、今ではここに川が流れていたことを知らない人も多いだろう。ところが猫ケ洞池の水が、現在、猫洞通となっているあたりを大量に流れ下ったことがあった。

明治24年（1891）10月28日午前6時半、岐阜県美濃地方と愛知県尾張地方を大きな地震（濃尾地震）が襲った。震源地は岐阜県本巣郡根尾谷（現・本巣市根尾）、地震の大きさを表すマグニチュード（M）は8・0。この規模は平成23年（2011）に発生した東日本大震災のM9・0には及ばないものの、平成7年（1995）1月に発生した阪神・淡路大震災のM7・2、大正12年（1923）9月の関東大震災のM7・9を上回る。九州、東北でも揺れたという。この時にできたのが岐阜県の根尾谷断層で、上下のズレは最大で6メートルにもなった。地震による被害は全国で死者7000人以上、全壊および焼失した家屋は14万2000戸にも及んだ。

この当時、猫ケ洞池はまだ上池と下池（下池は昭和9年頃に埋め立てられる）の二つあった。地震発生から数時間経ったところで、上池の堤が切れ、大量の水が下池になだれ込んだ。その勢いで、下池の堤も決壊した。

濁流は、今の地下鉄本山駅がある方角目がけ流れ下った。猫洞通は未だつくられておらず、下池の堰堤の下に数軒の人家がある以外は扇状地のような地形に水田が広がり、ほかには東山通の南側と末森《すえもり》城址の東に小さな集落があっただけだ。

この地震を経験した人の記憶によると、「大変に恐ろしいと思った事は、家へ帰って間もなく、猫ケ洞池の上池の堤が切れ、続いて下池の堤も切れて、どっと水が流れて来たことです。山の上から北の方を見ると白水がどうどうと流れ、稲も何も見えなくなりました。その水の為に傾いたり、倒れたりした家もありました。桶やたらい等もいろいろ流れて来て、それ等は川名の大橋で拾い上げたと聞きました」（愛知県総務部消防防災課『濃尾地震生き証人の記録』昭和54年）。

さらに「猫ケ洞池に比較すれば遥かに小さいくびり池も堤にひびが入り、水がどんどん減ってしまいました」（同書）。くびり池とは現在の鏡ケ池のことだ。

東山動植物園にある山崎川の水源

東山動植物園の正門を入ってすぐのところに、**胡蝶**《こちょう》**池**と呼ばれる池がある。そのまま園の奥へ進むと、**上池**（ボート池）がある。いずれも江戸時代からあるため池で、胡蝶池は**大藪**《おおやぶ》**池**、上池は**源蔵**《げんぞう》**池**とよばれていた。源蔵池の大きさは縦約133メートル、横約72メートルであった。この場所には、もともと池があったが、いつの頃からか使われなくなっていた。それを享和元年（1801）に藩の命によって小塚源兵衛、兼松源蔵などが修築したとされている。

さらに東山通を挟んで動植物園の北側にある千種スポーツセンター（千種区星が丘山手）横にある**新池**は、かつては、**七ツ釜**《ななつがま》**（竈）池**と呼ばれ、縦約660メートル、横約307メートルの大きさの池であった。この三つの池は、猫ケ洞池とともに山崎川の水源であった。

東山動植物園の正門を入ってすぐにある胡蝶池。上池とともに江戸時代からあるため池だ（写真提供：名古屋市東山動植物園）

源蔵池と大藪池は現在の動物園のほぼ真ん中を流れていた水路で繋がっていた。動植物園の正門を見ると、車歩道より一段高くなっているが、ここは大藪池の堰堤となっていた場所だ。

大藪池からの水路は幅2・7メートルほどの**大藪溝**と呼ばれ、動植物園の正門あたりから地下鉄東山公園駅までの道沿いに流れ、東山通を越えた。ここで七ツ釜池（新池）から流れてくる**七ツ釜溝**と呼ばれる水路と合流した。合流して一つの流れになった七ツ釜溝は本山交差点を通り、いまと違ってそのまま西へ流れ、広路《ひろじ》村（旧川名村）境（昭和区川原小学校のあたり）までの長さ約３２００メートルの水路となった。

猫ケ洞池からの水路は本山《もとやま》交差点あたりへ流れ、ここで西へ向きを変え、広路村境へと至る長さ約２８００メートルの猫ケ洞溝を流れていた。

車歩道より一段高くなっている東山動植物園正門は、かつて大藪池（園内の胡蝶池）の堰堤だった

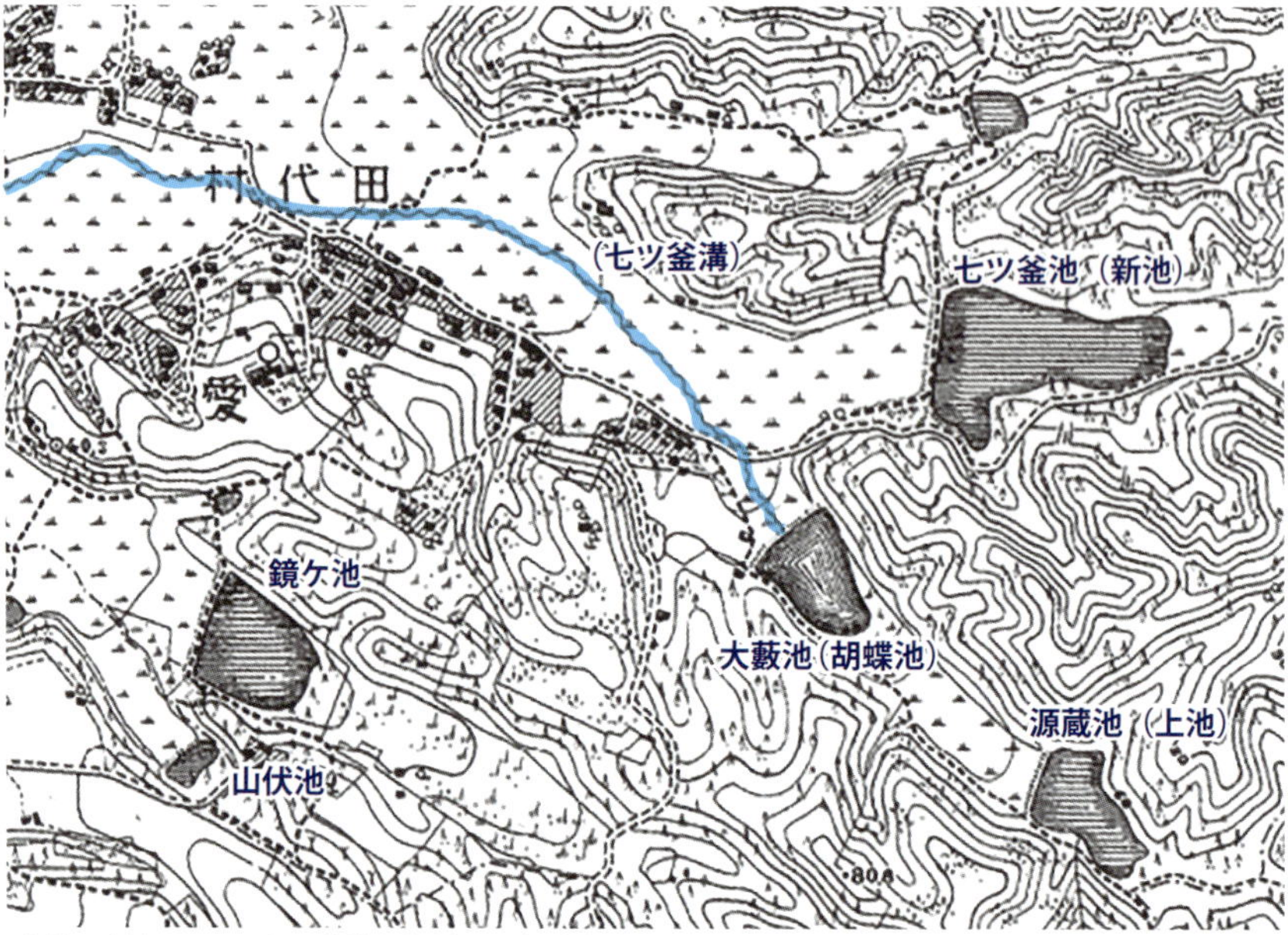

山崎川上流の一つ、七ツ釜溝をたどった先が大藪池（胡蝶池）。右下の源蔵池（上池、ボート池）と、水路で繋がっていた。右上の大きな池は新池（七ツ釜池）、左の池は鏡ケ池と山伏池（明治24年・2万分の1：国土地理院）

大正から昭和にかけて土地区画整理事業や耕地整理事業などが行われたため山崎川の流路は当時と現在では変わっているが、明治時代につくられた地図を見ると、本山から広路村境あたりまでの七ツ釜溝と猫ケ洞溝の流路は一致している。ただし、明治の地図では、本来ならあるはずの猫ケ洞池からの流路は描かれていない。

現在、山崎川の水源は猫ケ洞池とされているが、大正の頃までは源蔵池、大藪池、七ツ釜池がかなり重要な水源であったようだ。もちろん、ほかにも平和公園の南部や新池《しんいけ》町のバス停近くにある大坂池、その奥にある奥村池など、小さな池の水も山崎川の水源の一部となっていた。

消えた山崎川の流路

猫ケ洞池の水は昭和50年前後に暗渠化された水路を通り、地下鉄本山駅のあたりまで流れている。しかし、明治時代の山崎川上流は大藪池に繋がり、地下鉄東山公園駅から本山駅まで、東山通の北側を、緩やかに弧を描くように流れていた。（13頁・地図）

いまでは暗渠化されたのか、埋め立てられてしまったかしているが、東山小学校の南に沿って、ほぼ東西に流れる直線の川がかつてあった。この流路は大藪池からの流れとほぼ同じであった。

明治17年（１８８４）の地籍図を見ると七ツ釜池から出た水路幅は平均３・６メートル、すぐに大藪池からの流れと合わさり平均約９メートルの幅になる。

一方、猫ケ洞池からの水路（山崎川）は本山交差点で合流するまでの平均幅が４・５メートルとある。また『川名村誌』（明治12年）には、川名川（山崎川）は水深約60センチメートル、幅５・４メートルと記されている。

七ツ釜池と大藪池が合わさった水路幅は、猫ケ洞池からの水路幅より約2倍の大きさがあった。水路幅と水量が比例していると考えると、大藪池と七ツ釜池の水量の方が猫ケ洞池からの水量よりも多かったといえる。ちなみに現在、本山あたりを流れる山崎川の幅は約４・５メートルである。

おそらく猫ケ洞池をつくった当初は大藪池からの水

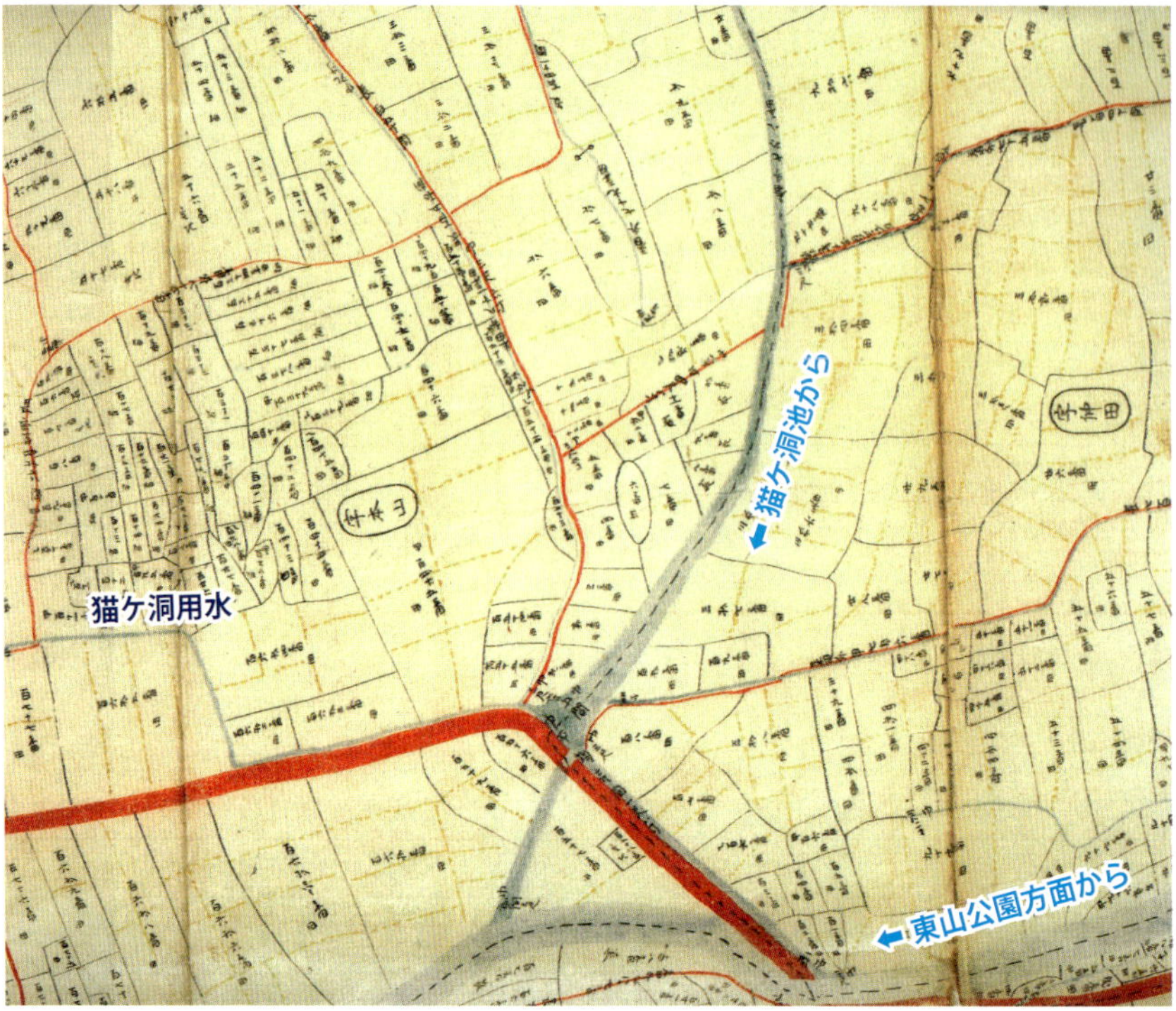

上から下への流れが山崎川。下方の水路で三角形を形作っている下辺の上あたりが現在の本山交差点。そこから左への細い流れが猫ケ洞用水。右からの太い流れが東山公園方面からの水路。よく見ると、細い水路が何本も見える。「明治 17 年 地籍図 田代村」愛知県公文書館所蔵

量よりも猫ケ洞池の方がたくさんの水が流れていた。ところが元禄8年（1695）に尾張藩二代藩主・徳川光友が大曽根《おおぞね》に別邸（大曽根屋敷：現・徳川園）をつくった。その際、猫ケ洞池を取り立てて別邸の池へ水を引いた。

猫ケ洞池の水すべてを大曽根屋敷へ引いたとは思えないが、減少した分については、七ツ釜池をそれまでの倍近い大きさに改修して補った。その結果、猫ケ洞池よりも七ツ釜池と大薮池からの水量が増加したのではないかと考えられる。改修した七ツ釜池は水溜《みずため》（みずたまり）池と呼ばれ、その後、新池と呼ばれるようになった。

猫ケ洞溝は大薮溝、七ツ釜溝と本山交差点で合流したが、この間にそれぞれの用水は枝分かれと合流をくりかえしながら流れた。とくに本山交差点付近は何本もの水路が入り組んでいた。

山を越えた猫ケ洞池の水

　猫ケ洞池は東西と北側を山で囲まれ、これらの山からの水を集めてつくられた。水の出口は南側だ。ところが大曽根屋敷へ水を引くために北側の山を越えた水路があったのではないかといわれている。

　ただ、どのような経路で水を引いたのかはよくわかっていない。水の出口となっている下池の南側から大曽根まで水を引くためには、山崎川および猫ケ洞用水を利用するか、あるいは新たな水路を設ける必要がある。

徳川園。元禄時代、ここに大曽根屋敷がつくられ、猫ケ洞池の水が引かれたという

　山崎川や猫ケ洞用水を利用する場合、覚王山に遮られる。そこで末森から猫ケ洞池の南西方向に位置する丸山《まるやま》村（現・千種区丸山町を中心とした場所で地下鉄池下駅の南のあたり）の南の麓を回り込みながら、**藤願寺《とうがんじ》池**（桃巌寺池）（41頁地図）を経たのち、北上して今池方面を通らなければならない。山崎川や猫ケ洞用水は田畑に水を引くために使われ、水田などで使われた余水（悪水）が流れ込んでいる。藩主別邸の御庭の池に水を引くとなれば清浄であることが求められたはずだ。清浄な水を供給するには猫ケ洞池（上池）の北側から取水することになるが、北側は山である。

『鸚鵡籠中記《おうむろうちゅうき》』（朝日文左衛門）によると、大曽根屋敷の池へ水を引くため、場所は示されていないが多くの人を集め、水路を掘った。また樋《とい》を伏せたといったことが書かれている。つまり、山の下にトンネルを掘るか土を深く掘り下げ、そこへ樋を埋めて水路にしたようだ。

　猫ケ洞池の北にある山を越え、汁谷《しるたに》町（千種区）へ出たところは出来町《できまち》通（茶屋坂通）である。そのまま西へ進むと大曽根屋敷へ行き着く。『千種村物語』（小林元、昭和59年）によると、汁谷はかつて「掘割《ほりわり》」と

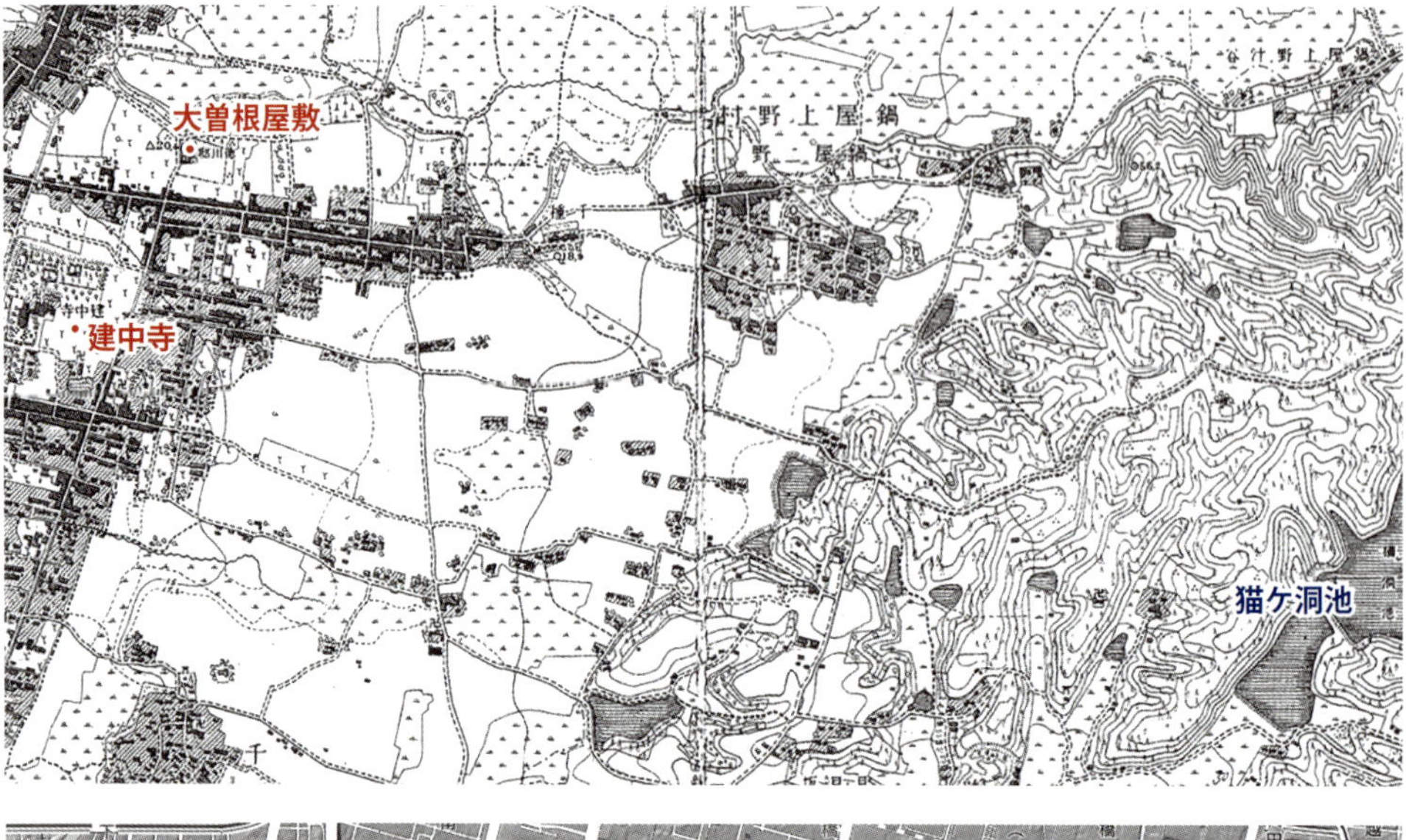

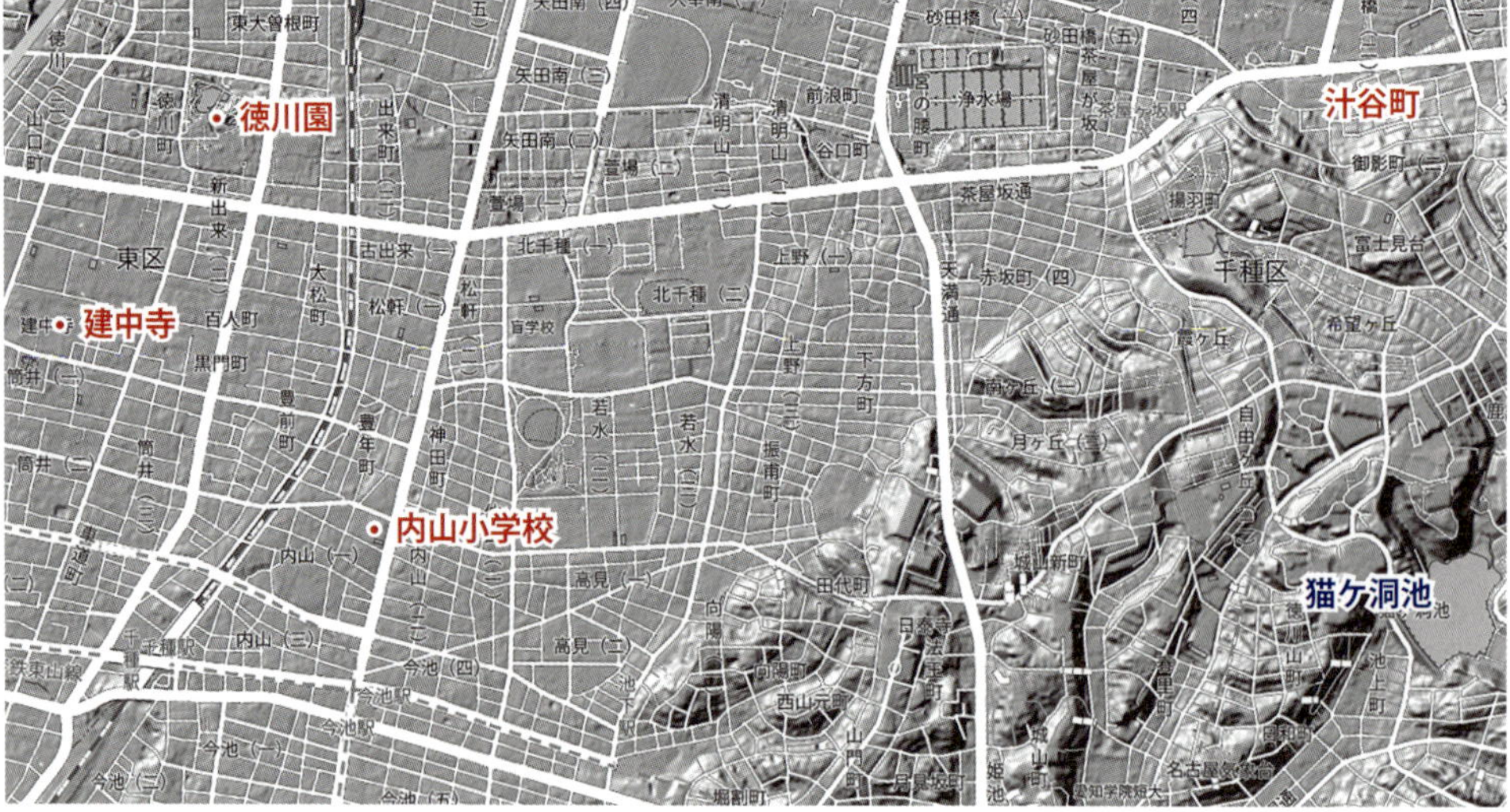

猫ケ洞池の北にある汁谷町はかつて掘割と呼ばれていたという。茶屋坂通（出来町通）をそのまま西へ進むと徳川園（大曽根屋敷）へ至る（上：明治 24 年・2 万分の 1：国土地理院、下：地理院地図 Vector を加工して作成）

も呼ばれ、猫ケ洞池からの水を引いた時の水路があったことからついた名前だという。

　ところが徳川光友が藩主に就任した慶安3年（1650）6月から死去の翌年の元禄14年（1701）までの事績録『瑞龍公実録《ずいりゅうこうじつろく》』には、大曽根屋敷の池へ猫ケ洞池から**松元《まつもと》（本）池**を経て水を引いたと書かれている。松元池は、今池交差点西の内山小学校のあたりにあった古い池だが、江戸時代の半ば頃には埋め立てられ、水田に代わっている。

　松元池は大曽根屋敷の南東に位置している。猫ケ洞池から松元池へ水を引く場合、丸山村の南の麓を回り込んで北上するのが自然な経路となるが、猫ケ洞用水を分水して今池方面へ流す工事が行われたのは大曽根屋敷がつくられた時より、約100年も後の享和元年（1801）だ。

　汁谷に猫ケ洞池からの水を引いた水路があったとすると出来町通から、一度南へ大きく迂回して松元池まで水路を引くことになり、かなり不自然な経路になる。

「建中寺松本池掘割図」（制作年代不詳）には松元池から名古屋市東区にある建中寺の堀へ水が引かれていたことがあらわされている。しかし、建中寺から大曽根屋敷への水路は描かれていない。松元池の水もどこから引かれていたのかは載っていない。

　建中寺は光友によって尾張藩初代藩主・徳川義直《よしなお》の菩提を弔うために建立された寺で、周囲を堀で囲まれていた。掘割図がつくられたときは、まだ大曽根屋敷がなかったからかもしれないが、このあたりのことについて詳しい資料が見つからない。猫ケ洞池から大曽根屋敷へ水を引いたというのは確かなようだが、水路に関してどのような経路であったのか、はっきりしたことは不明だ。

建中寺。かつては、現在の倍以上の境内を持ち、周囲は堀で囲まれていた

　元禄13年（1700）に光友が亡くなると、大曽根屋敷は尾張藩家老の成瀬、石河、

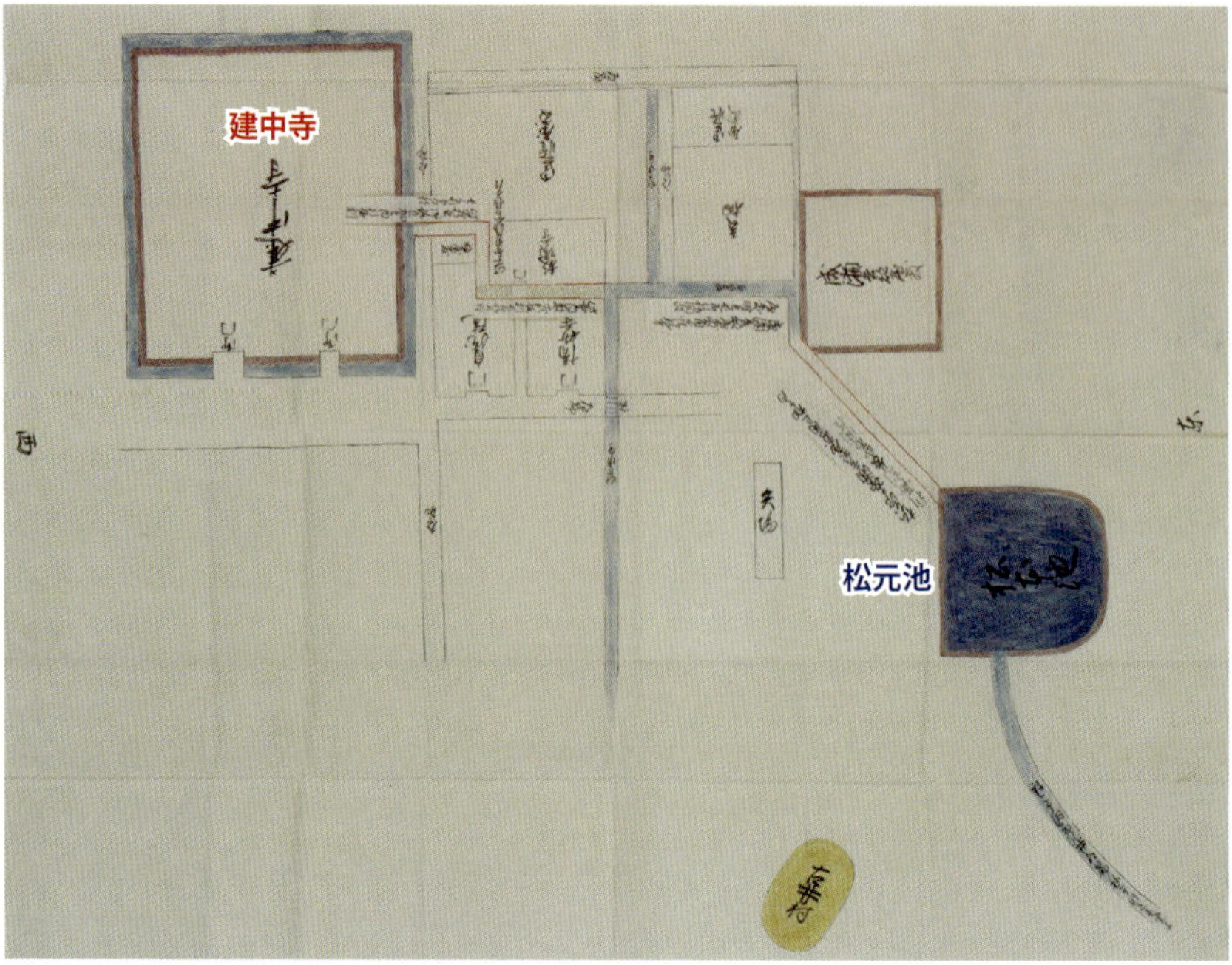

「建中寺松本池掘割図」名古屋市蓬左文庫所蔵

渡辺の三家に譲られ、元禄14年（1701）に猫ケ洞用水として使える水が従来通りの水量に戻った。

それにしても大曽根のあたりにも湧水がそれなりにあったはずだ。それをわざわざ猫ケ洞池から水を引かせたのは、光友の猫ケ洞池に対する強い思い入れがあったということだろうか。猫ケ洞池は大きな池だ。大曽根別邸の池に使うために取り立てたというが、それは池全体であったのか、池の水の一部だけであったのかということもよくわからない。

川原神社に導かれた猫ケ洞用水

猫ケ洞池は名古屋東部の川名《かわな》村方面の新田開発のためつくられた。川名村は飯田街道沿いに集落を形成していたが、猫ケ洞用水が引かれる前は荒蕪地《こうぶち》が多かったのだろう。

昭和区川名本町にある川原《かわはら》神社の由緒に「慶長6年（1601）に、松平忠吉《ただよし》（徳川家康の四男）が神領二十石を寄進され、当社崇敬の誠を尽くされ、寛文4年（1664）には、藩主徳川光友は、灌概用水完工に

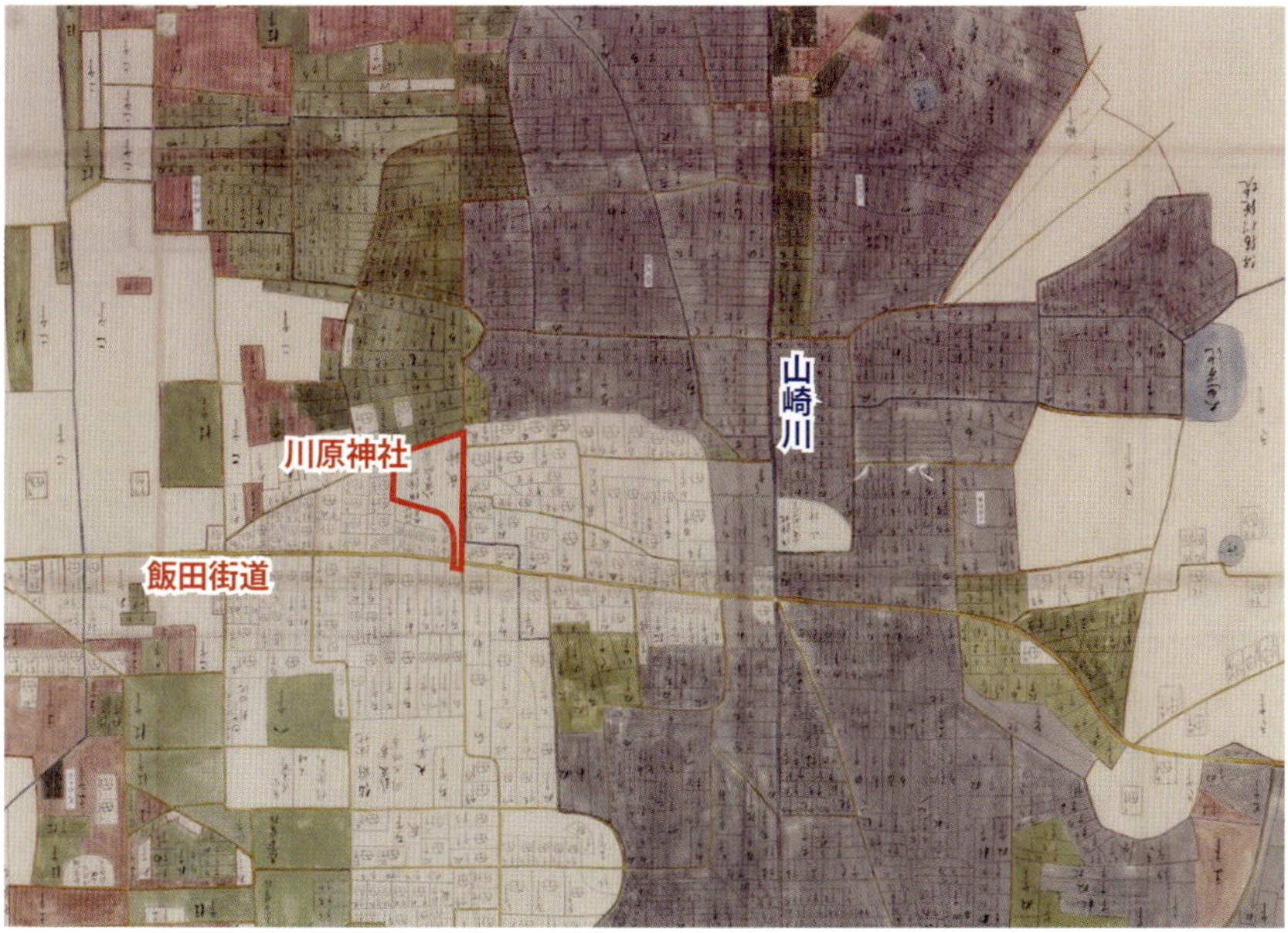

「村絵図　愛知郡　川名村」（弘化３年）徳川林政史研究所所蔵。氏神と記されているのが川原神社。神社のすぐ下（南）の道が飯田街道、水色の線が何本にも枝分かれした猫ケ洞用水。右（東）の直線が山崎川

あたって、川原神社神池へ溝渠を通じ初穂水を奉り豊作を祈願した」とある。

ただ、寛文4年は猫ケ洞池の上池が完成した年で、猫ケ洞用水は寛文6年（1666）に完成した下池から取水している。年代に若干のずれはみられるが、猫ケ洞用水はつくられた当初から川名村へ引かれ、この地域の新田開発などが行われたようだ。

川原神社が尾張徳川家から崇敬されていたと同時に、川原神社の池へ初穂水を入れて豊作を祈願したというのは、光友の猫ケ洞用水による新田開発への期待がそれだけ強かったということだろう。

飯田街道沿いにある川原神社の弁天池

川名村の村絵図には川原神社の北側に水路があり、境内外側の東の角で直角に向きを変え、神社に沿って南へ流れ、飯田

街道を横切って、さらに南へ延びている。余水は山崎川へ落とされた。川原神社までの水路は、高低差などを考えると、丸山村にあった藤願寺池（桃巌寺池）のあたりから真っすぐ伸びるのではなく、やや西へ膨らむような経路をたどっていたようだ。

「川原天神」『尾張名所図会』前篇巻五。絵に描かれている池に、初穂水として猫ケ洞池の水が引かれた。今も池や石橋が残っている。荷を担いだ人たちが歩いているのが飯田街道

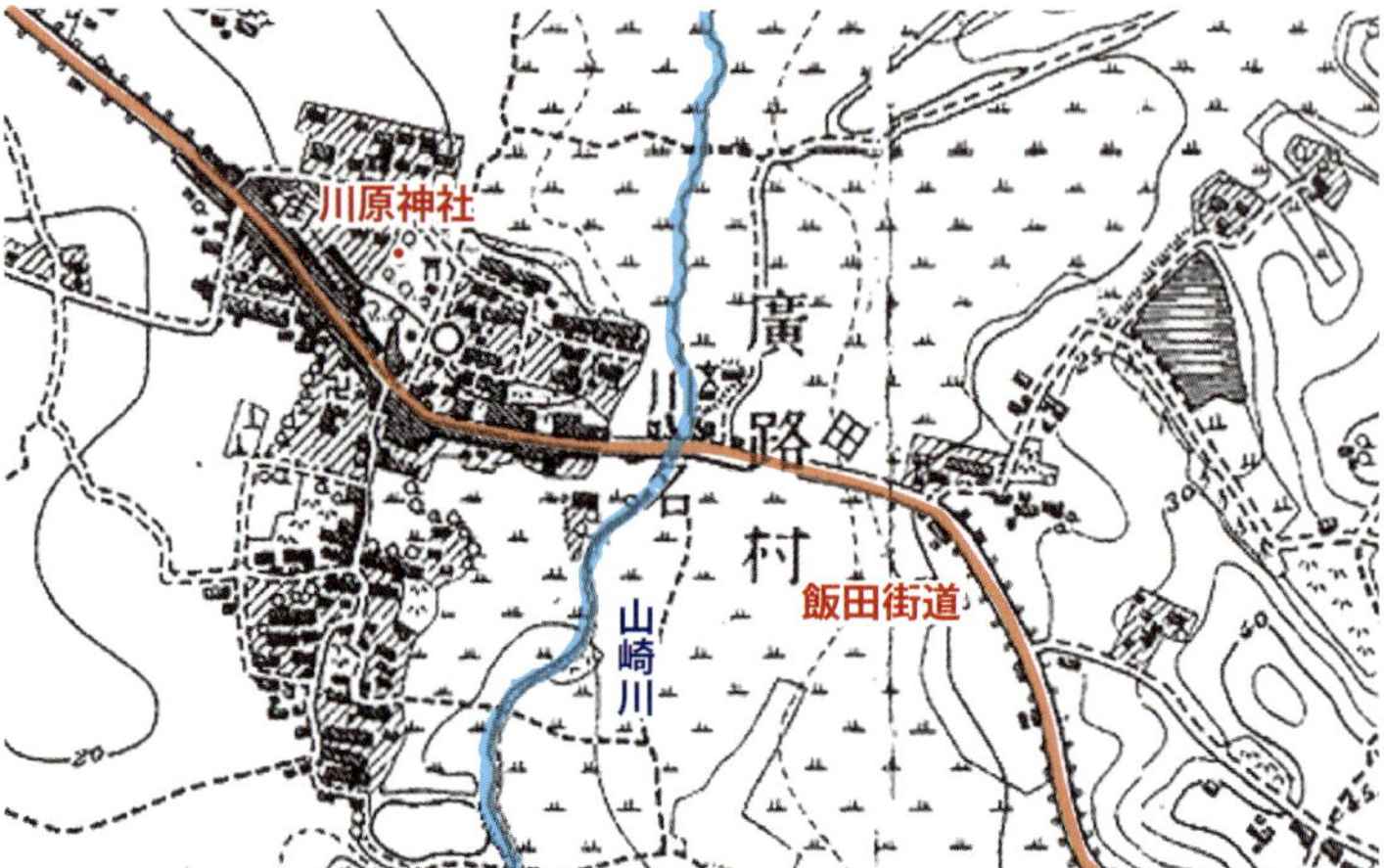

左上から右下へ延びる道が飯田街道。広路村へ入った山崎川は現在よりも蛇行していた。飯田街道と平行するように安田通がつくられたのは明治 42 年頃（明治 24 年・2 万分の 1：国土地理院）

第二章　たくさんの小川を集め流れた山崎川

「村絵図　愛知郡　丸山村」（天保 12 年）徳川林政史研究所所蔵

人為的に変化している山崎川の水量

現在の猫ケ洞池の水は流出口からそのまま暗渠となって地下鉄本山駅のあたりまで流れている。本山でいったん地上に姿を見せて南進するが、鏡池通に突き当たるところで再び暗渠となる。次に姿を現すのは末森通2の交差点から南へ延びる田代本通（愛知学院大学歯学部から南へ延びる道）を越えたところだ。この間、山崎川は四度、ほぼ直角に向きを変え、その後は直線的に檀渓通まで流れている。

ただ、大正から昭和の初めにかけて耕地整理事業が行われる前の流路は、本山から南へは向かわず、東山通の南側を緩やかな弧を描くようにして西へ流れ、末森城址（城山八幡宮）の南方あたりから徐々に南西へと向きを変え、椙山女学園の南、鏡池通を越えたところで、ほぼ現在に近い流路となっていた。

流路のほかにも当時と今では山崎川には様々な違いがある。まず猫洞通や鏡池通に見られるように道路幅の拡張を目的とした暗渠化だ。また洪水対策のため、川底が深く掘り下げられたことも大きな変化だ。

見付小学校（千種区）の横を流れる山崎川上流

さらに護岸整備によって両岸が垂直なコンクリートの壁になった。ただし最近は魚や鳥類が生息しやすいように、より自然に近い形の護岸に整備し直すことも進められている。それでも両岸が垂直なコンクリートの壁になっているため、川へ容易に下りられない場所が多い。水辺まで下りて川遊びのできるのは瑞穂グラウンドのあたりくらいだ。

そしてもう一つ、大きな変化が山崎川へ流入する河川がほとんどなくなったことだ。1950年代に入り、宅地開発が急速に進み、田畑や雑木林であった場所が開発され、同時に池や小川がなくなった。それでも下流へ行くほど水量は増え、山崎川の水は年間を通して涸れることなく流れている。

本山交差点。左斜め上へ延びる道が名古屋大学へ行く四ツ谷通。正面の愛知工業大学本山キャンパスを挟んで稲舟通沿いを開渠になった山崎川が流れている

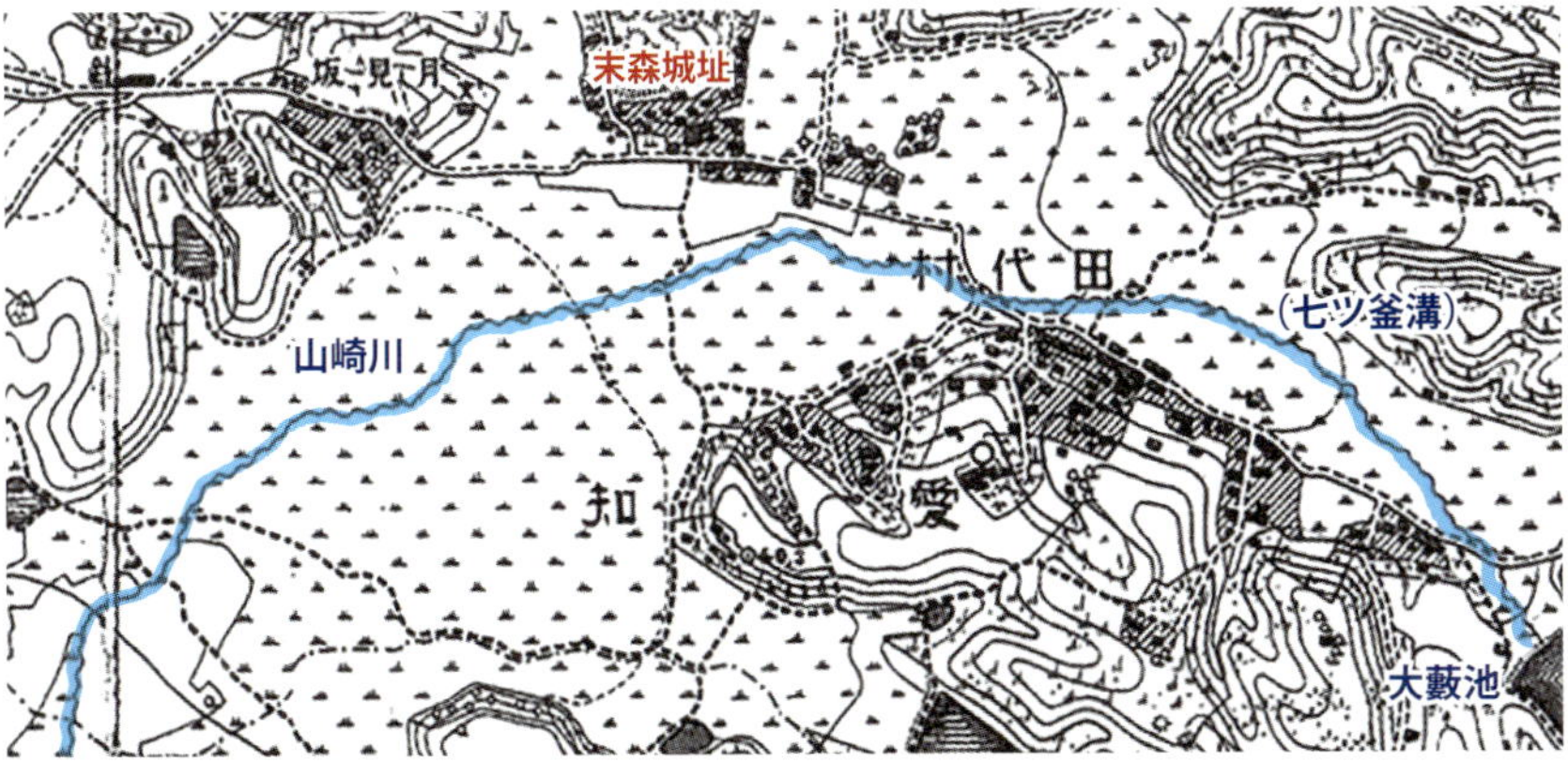

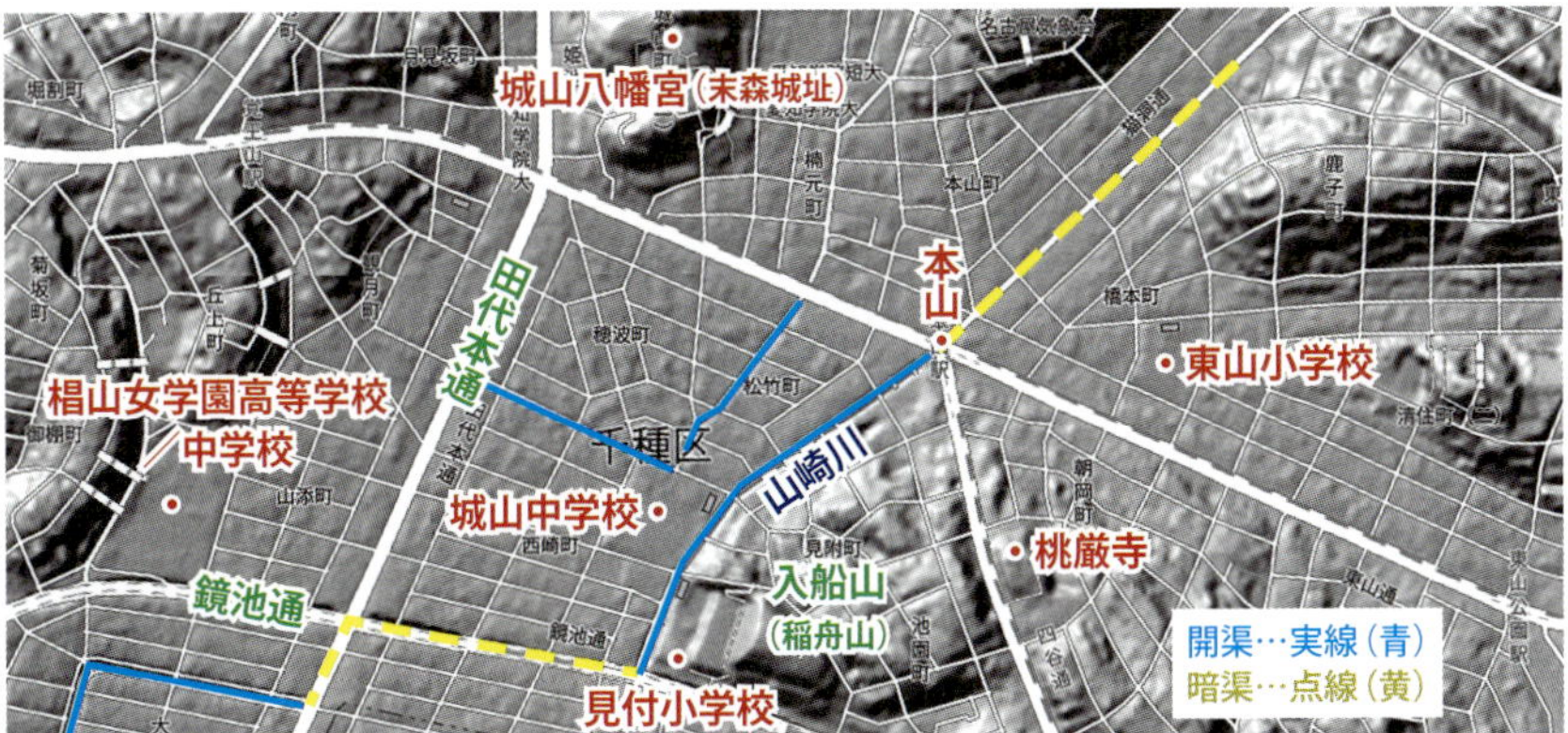

山崎川の源流は猫ケ洞池ではなく、大藪池になっている。本山からさらに末森城址（城山八幡）の麓あたりまで流れてから南西へ向きを変えていた。本山交差点から先の山崎川の流路が現在とは明らかに異なっている（上：明治 24 年・2 万分の 1：国土地理院、下：地理院地図 Vector を加工して作成）

また田畑や雑木林の減少によって、地下へ浸透する雨水が減少した。大雨の時など、行き場を失った水は道路にあふれ、家屋への浸水が起きやすくなった。

現在、山崎川の水源の一つとなっている猫ケ洞池は、周辺に降った雨水だけでなく、東山公園の上池や公園北側の東山通に面した千種スポーツセンターの隣にある新池などからも水を集めている。これらの池の水は、地中につくられた**千種台川**《ちくさだい》を通り猫ケ洞池まで流れ、千種台川はさらに猫ケ洞池から矢田川までを地中で結んでいる。こうした事業は昭和49年（1974）に完成した。大雨時など、猫ケ洞池の水位が上昇すると、余水吐《よすいばき》（ベルマウス）によって矢田川へ排水されるようになっている。

降った雨の多くは地下へ浸透することなくそのまま側溝や下水へ流れ込み、短時間で排出されるようになった。地中に水が貯えられなくなった結果、晴天の日が続くと河川水量が減少する。逆に大雨の時は、短時間で池や川に流入するため、急に増水するようになった。季節による水量の変動も大きくなった。

名古屋市の下水道は合流式といって、生活排水と雨水を一緒に下水処理場で処理している。そのため、雨水の多くは河川ではなく下水道へ入り、汚水と一緒に処理場へ流入し放流される。山崎川の場合、処理場は下流にあるため、上流や中流域から川へ流入する水量は大幅に減少した。

山崎川への主な水の流入源は猫ケ洞池のほか、名古屋大学構内にある鏡ケ池、地下鉄川名駅構内からの地

猫ケ洞池のベルマウス

左の暗渠が山崎川、右が鏡ケ池からの暗渠

下水、昭和区にある隼人池、山崎川そのものからの湧水、河口近くにある山崎水処理センターの放流水となっている。

魚類、水鳥、水生植物、水生昆虫などの生息域としてはもちろん、景観上からも、河川の水量が大きく変動するのは好ましいことではない。そこで昭和50年代に猫ケ洞池の堤防を嵩上げし、貯水量を増やし、山崎川への導水量を増やすようにしたが、季節による変動だけでなく、一日のうちでも導水量に変化があった。

その後、導水量に改善を加え、現在は猫ケ洞池からの導水が3月半ばから5月半ばまでを除いて最大で一日約８６００立方メートルとなっている。これに加えて鏡ケ池からが約２０００立方メートル、地下鉄川名駅の湧水が約８００立方メートル、山崎川からの湧水が約４３２０~８６４０立方メートル、そして一番多いのが山崎水処理センターの放流水で約６万６８６９立方メートルとなっている。

地下鉄川名駅のトンネルから湧き出る湧水を広路橋の下から山崎川へ放流

山崎川の石川大橋上流左岸の川底からの湧水

山崎川の水源になっていた流域のため池

江戸時代、新田開発のために多くのため池がつくられた。こうした池から流れ出る小川の水も山崎川に流入していた。

地下鉄本山駅から少し西、末森通４の交差点の南に、普段はほとんど水が流れていない小さな川がある。山崎川の支流の一つでそのまま南へ流れ、城山中学校（千種区西崎町）のところで西へ向きを変え、暗渠となって山崎川に合流している。この川の水源は、現在、自由ケ丘小学校（千種区自由ケ丘2丁目）の校庭の一部となっている**自由ケ丘調整池**で、かつて**望来**《もうらい》**池**（毛来池）と呼ばれていたため池だ。池の水は城山八幡宮（末森城址）の東を通り末森通（広小路通）を越えるところまで暗渠となっている。（27頁地図）

愛知学院大学歯学部のある末森通2の交差点から南へ向かう道は田代本通、北へ向かう道は姫池通と呼ばれている。姫池通の坂を北へ向かうと左に東山給水塔、右に日泰寺《にったい》舎利殿が見えてくる。舎利殿の少し手前の道の左右には**西どろあき池**（西源蔵池、西土呂目池）と**東どろあき池**（東源蔵池、東土呂目池）があった。これらの池の水も山崎川へと流れていた。

ふたをして自由ケ丘小学校校庭の一部となっている自由ケ丘調整池。かつては望来池というため池であった

西どろあき池は明治37年（1904）に南西に日《にっ》暹寺《せんじ》（昭和24年に日泰寺と改名）が建立されると、参詣客によってこの池にコイやカメが放流されたため、「放生池《ほうじょうち》」と呼ばれるようになった。放生池は、姫池《ひめいけ》通がつくられたことで次第に小さくなり、昭和58年（1983）に埋め立てられた。

西どろあき池の少し南には姫池通の名前のもとになった**姫ケ池**《ひめが》があった。村絵図では「姫軻池《ひめがいけ》」と記されている。姫ケ池は末森城のお姫様が身を投げたところから名付けられたとの言い伝えもあるようだが、もともとは村や土地の境界の標として「標《しめ》の木《き》」を立てた場所だとの説もある。江戸時代の初めにつくられた『寛文村々覚書《かんぶんむらむらおぼえがき》』には「姫之木池」と書いてあり、「しめのき」が「ひめのき」に転化して「姫ケ池」になったのではないかというのである。姫ケ池は、昭和4年（1929）に埋め立てられて現在はない。

山崎川へ流入する川は、もちろん全てがため池から発するものだけではなかった。降った雨は小川をつくり、低い場所へと流れる。地中へ浸透した雨もやがて

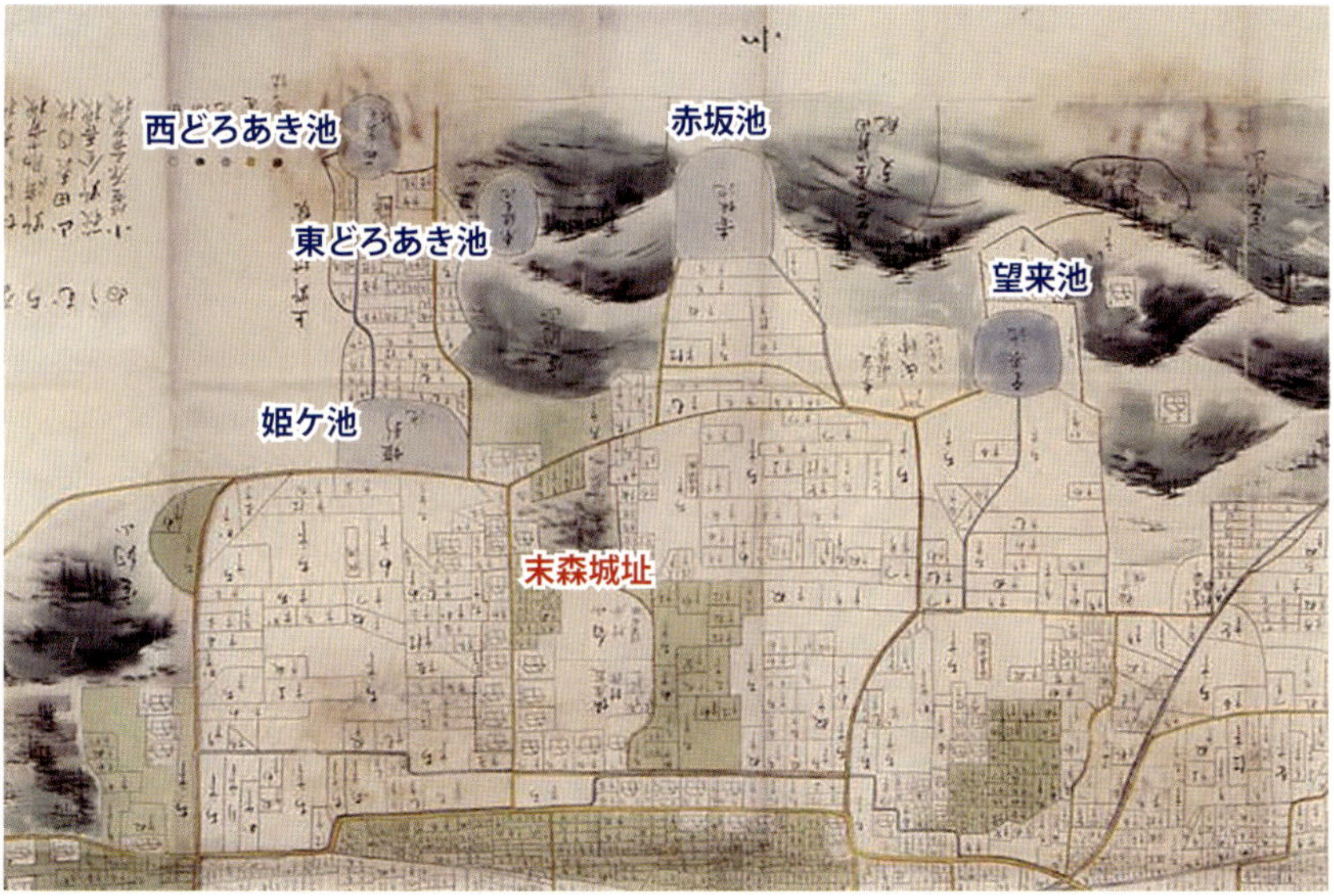

「村絵図　愛知郡　末森村」（弘化 3 年）徳川林政史研究所所蔵

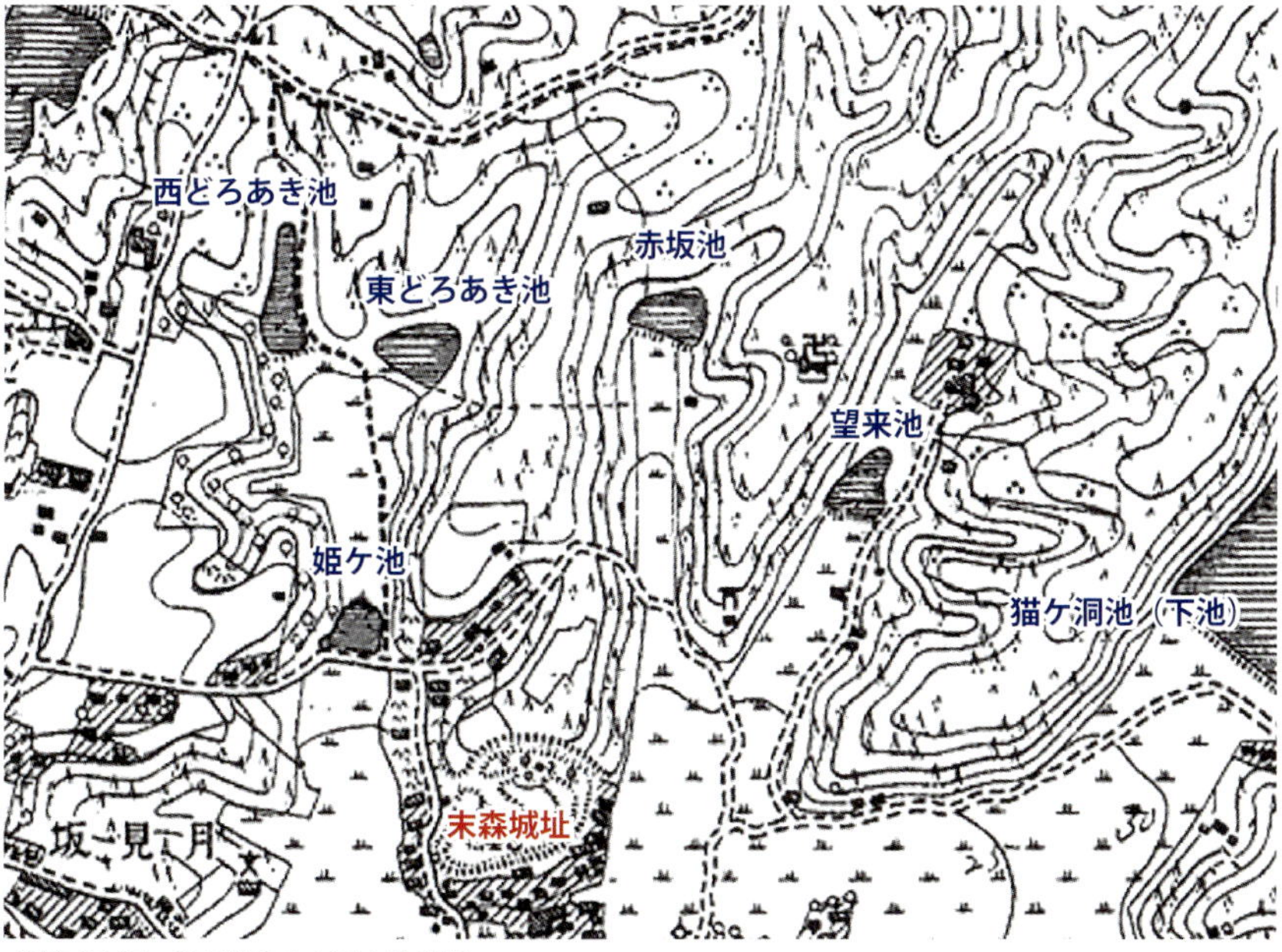

明治 24 年・2 万分の 1：国土地理院

暗渠となっているが、山崎川に落とされていた用水か小川の跡と思われる。高い位置に落ち口があるのは、川底が深く掘り下げられた結果だろうか

東部丘陵地に降った雨が流れていた小川に架けられていた橋（瑞穂区）

地表へと染み出して小川をつくる。そうしてできた自然の川が何本かあった。

　山崎川の護岸には、所々に大きな排水溝のような穴が空いている場所が見られる。そのうちのいくつかは、かつて周辺に降った雨を集め山崎川へ流れていた小川や用水のあった場所だと思われる。

縁起が悪いと名前を変えた鏡ケ池

　現在は名古屋大学のキャンパスの一部となっている**鏡《かがみ》ケ《が》池**からの流れも、暗渠になっているが、藤原寺池（桃巌寺池）があった日進通4丁目あたりで山崎川と合流していた。

　名古屋大学といえば、かつては塀も門もなく、広い敷地のあちらこちらに校舎が点在し、誰もが自由に大学構内に出入りできた。鏡ケ池の周囲には桜が植えられ、春になると花見の人が訪れていた。堰堤のすぐ下は名古屋大学教育学部付属中・高等学校となっている。

　鏡ケ池も江戸時代にはすでにつくられていたため池だ。かつては現在よりもはるかに大きく、『尾張国愛知郡誌』（明治22年）によると縦213メートル、横312メートルとなっている。現在、工学部1号館などの建っているあたりも池であった。鏡ケ池の水は田代村の水田の灌漑《かんがい》に使われていた。

昭和11年（１９３６）、第11回オリンピックがベルリンで開かれ、女子水泳で前畑秀子が見事金メダルを獲得した。それを記念して、鏡ケ池に飛び込み台がつくられたという話が地元にあった。それはどのようなものであったのかはわからないが、当時は泳ぎができるほどきれいな池であったということだけは確かだ。

今では鏡ケ池という美しい名前で呼ばれているが、昭和10年代の地図には**首利《くびり》池**と記されている。『尾張志』（天保15年）によると、このあたりの山は絞山《くびりやま》と呼ばれていた。絞池が本来の正しい字で「首利」は借字だという。

昭和10年代と思われるが、この池で若い女性が入水自殺した。そこで近くの寺の住職が首利池は名前がよくない、といって新たに鏡ケ池という名前を付けたという。首利ではなく絞のままであったなら、鏡ケ池にはならなかったかもしれない。

鏡ケ池

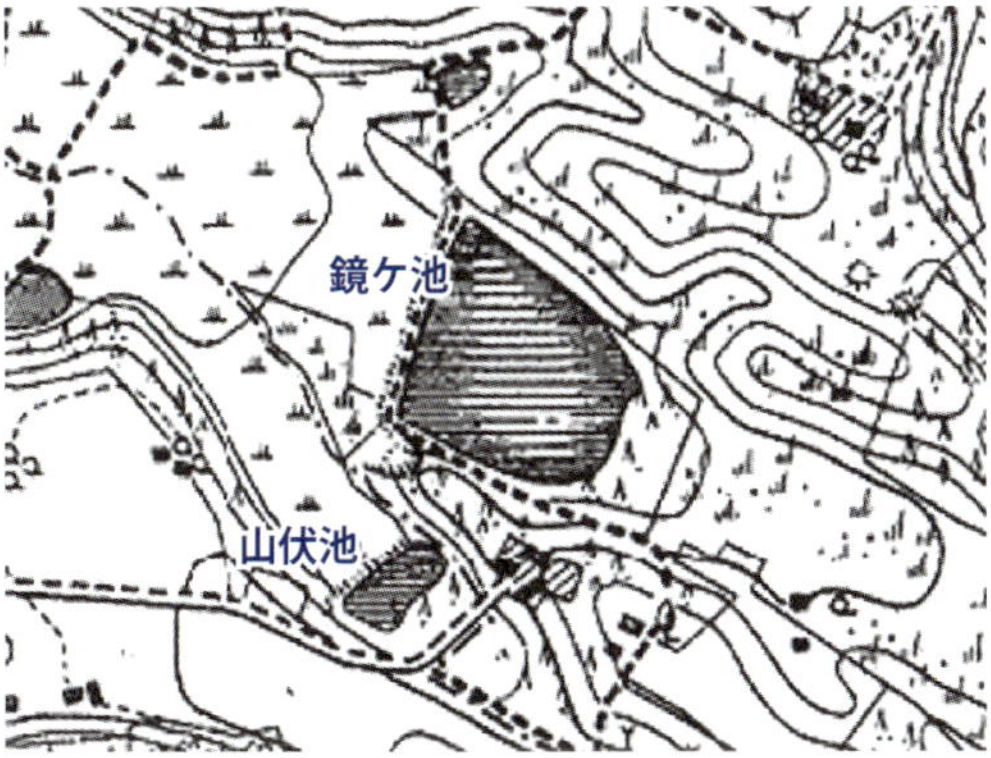

鏡ケ池と山伏池。鏡ケ池はかなり小さくなったが、生き残ったため池の一つ。隣にあった山伏池はない（上：明治24年・２万分の１：国土地理院、下：地理院地図 Vector を加工して作成）

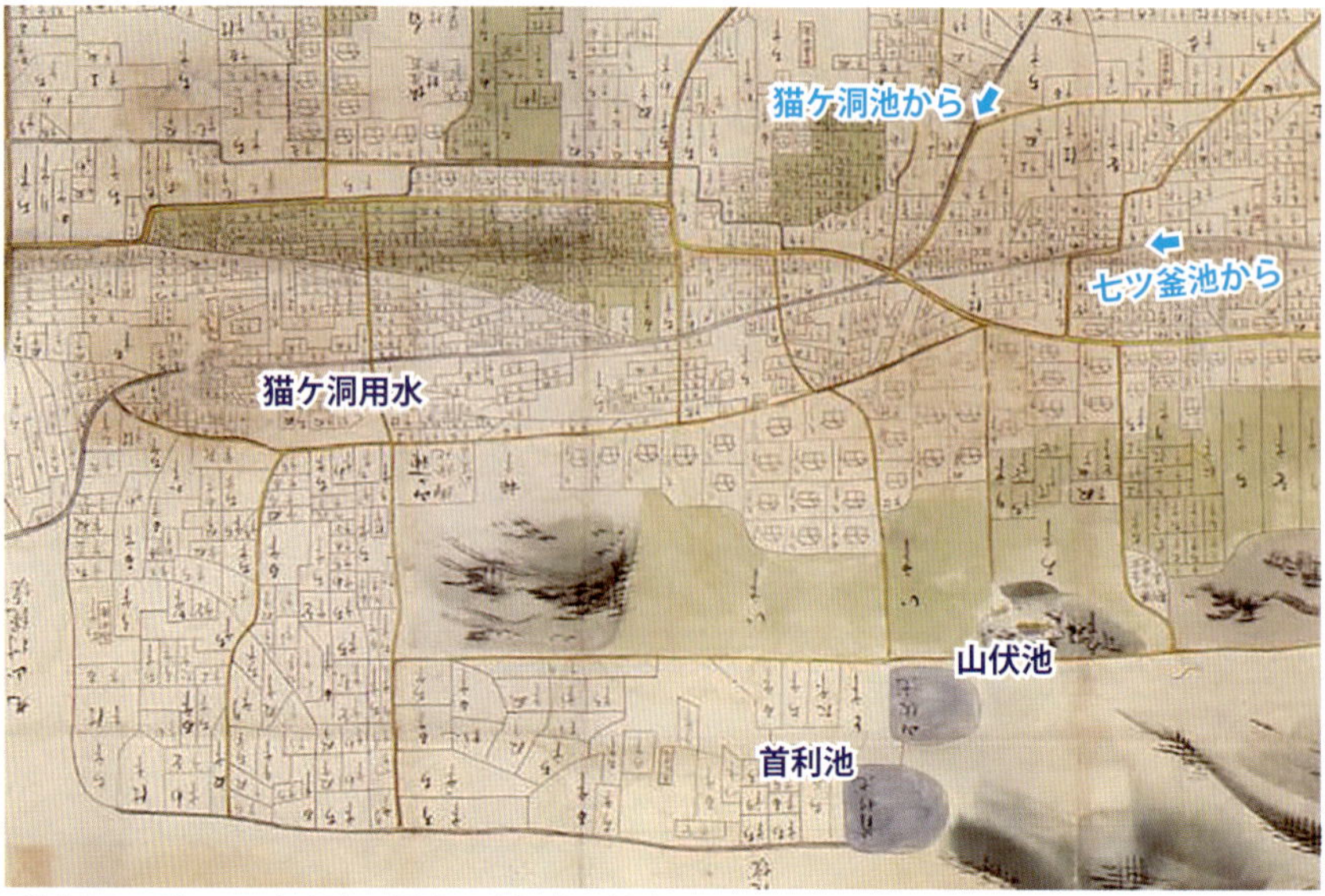

「村絵図　愛知郡　末森村」（弘化３年）徳川林政史研究所所蔵。右下に首利池（鏡ケ池）と山伏池が見える。ただ山伏池と首利池の位置が明治の地図とは逆になっている。上を流れる水路のうち右からの流れは七ツ釜池から、上から入り込んでいるのは猫ケ洞池から。二つの水路が交わっているのが、今の本山交差点のあたり。ここから左下へ猫ケ洞用水が流れていた

末森《すえもり》村の村絵図では首利池と少し小さめの**山伏《やまぶし》池**が描かれている。ただ、山伏池と首利池の位置が逆に描かれている。村絵図が正しいとすると、山伏池が現在の鏡ケ池ということになる。

『田代村誌』（明治12年）によると首利池が東西２７２メートル、南北２１８メートルの大きさに対し、山伏池は東西約２０・７メートル、南北約３０・６メートルと８分の１ほどの大きさしかない。『尾張国愛知郡誌』（大正12年）に首利池については触れられているが山伏池の記載はない。ただし、明治時代の地図には山伏池とほぼ同じ場所に池がある。ひょっとすると江戸時代の山伏池はもう少し大きな池であったが、池を小さくして田んぼを広げたのかもしれない。山伏池があった場所は名古屋大学教育学部附属中学校・高校のあたりだ。

こうしたため池の水は誰でも自由に使えるわけではない。村に水源がないからといって、池や川の水を勝手に使うことはできない。池はそれぞれの村で管理されるが、一村だけで管理される場合もあれば、複数の村の場合もあった。猫ケ洞池の水は現在の千種区、昭

和区にあった末森村・古井村・丸山村・伊勝《いかつ》村・川名村・御器所村、さらに前津小林《まえづこばやし》村・古渡《ふるわたり》村の村々で管理が行われた。

人家のない水田地帯を流れる山崎川

猫ケ洞用水は川名村や御器所村方面へと流れていた。江戸時代後期の享和元年（１８０１）に藩の命によって小塚源兵衛、兼松源蔵などが七ツ釜池を修築して水量を増やし、末森城址の麓あたりで猫ケ洞用水を二本に分けた。新しくつくられた用水は元からあった用水としばらく平行するように流れた。

二本の猫ケ洞用水は月見坂から丸山村の集落のある丘の東で、徐々に南へと向きを変えて**二ツ池《ふたつ》**（藤九郎池、荒池）に入る。現在、椙山女学園の横にある二ツ池公園は、この池のあった跡だ。二本の用水はこのあたりから南と西へ分かれた。南への流れは元からあった猫ケ洞用水で**古川**と呼ばれ、もう一本は**藤願寺池**（桃巖寺池）（日進通４丁目あたり）の北を西へと流れ、**新川**と呼ばれた。

桃巖《とうがん》寺は織田信長の父信秀の菩提を弔うため末森村（現・千種区穂波町）に建立され、正徳２年（１７１２）または正徳４年（１７１４）に現在地（千種区四谷通）に移されたとされる。藤願寺池は最初に寺が建立された地、あるいは寺の給地の近くにあったことから名付けられたのだろう。

江戸時代、現在の本山交差点あたりから、川名村へと続く山崎川の周辺は一面に田畑と雑木林が広がっていた。幅が１〜２メートル程度の農作業用に使う細い道以外、飯田街道まで大きな道はほとんどなかった。

二ツ池公園。ここに二ツ池があった

大正13年（１９２４）、当時の田代《たしろ》町（現・千種区山添町）に開校した椙山第二高等女学校の校長椙山正弐《すぎやままさかず》は「併《しか》し、ここ十年二十年の後には、東山方面も追々開けて、交

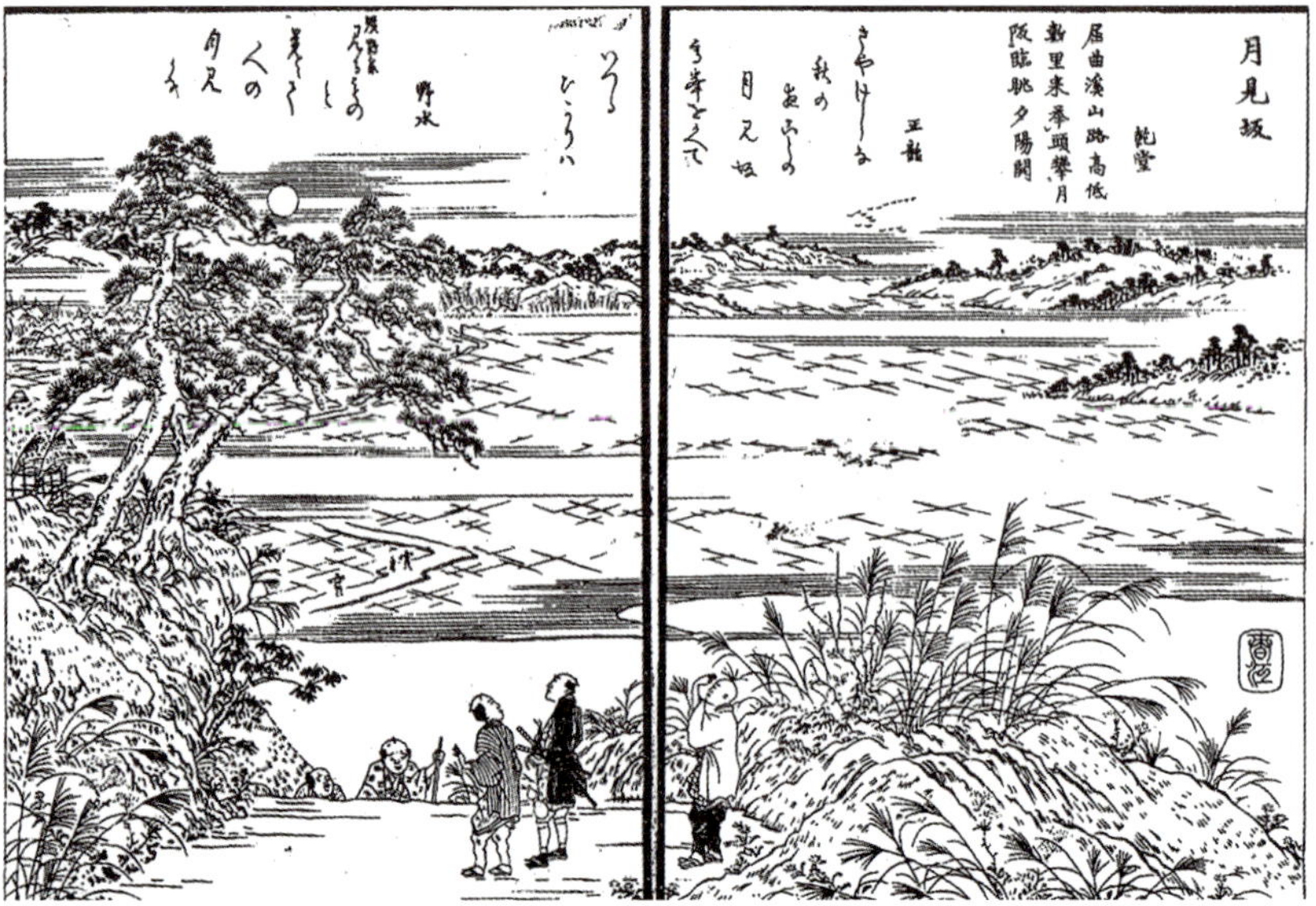

「月見坂」『尾張名所図会』前篇巻五。坂の下の人が歩いているあたりがいまの末森交差点。坂の下に細い道が続き、末森村の田畑が広がっている。松の枝に隠れているあたりが末森城址だろうか。奥の雁が飛んでいる下あたりが東山公園、その右あたりが名古屋大学

通機関もおのずから完備し、学校の位置としては屈強の土地であることを信ずる。今回の敷地は、西北に山を負ひ、東南は荒漠たる田野で、十余町を隔てゝ近く八事山、入船山に対し、この岡から見ると、宛《さなが》ら浮島でも眺めるような心地になる」(『椙山女学園百年誌』)と回顧している。入船山は、稲舟山とも呼ばれ、現在見付小学校が建っている場所である。

明治の終わりに飯田街道に並行するように安田通がつくられた。その上を尾張電気軌道が八事まで走っていた。末森城址の小高い丘に登れば、田畑の中を走る電車を見ることもでき、ひょっとすると、川原神社の鳥居も見ることができたかもしれない。

何本もあった猫ケ洞用水

猫ケ洞池を水源として引かれた用水には**猫ケ洞用水**、**猫ケ洞用水溝**、**猫ケ洞溝**、**猫ケ洞悪水溝**など、微妙に異なる名前で呼ばれ、流路も異なっていたが、一般にはまとめて猫ケ洞用水と呼ばれている。

『千種村誌』(明治12年)では猫ケ洞用水溝を田代村

境から奥《おく》田《だ》町《まち》（現・中区新栄）方面へ流れる幅1・5メートルの水路としているが、これは江戸時代後期に行われた分水工事によって古井村方面へ導かれた猫ケ洞用水の新川のことだ。

『常盤村誌』（明治12年）（御器所村）では猫ケ洞用水を千種村から流れて**竜《たつ》ケ《が》池**（鶴舞公園にある池）**溝**に合流する幅60センチメートルの水路としているが、こちらは新川からさらに分流した猫ケ洞用水だ。

猫ケ洞溝は猫ケ洞池から本山交差点までの流れを指しているものと、さらに広路村境までの2800メートルの流れを指していることもあるようだ。いずれにせよ、これは山崎川の流路と一致している。昔の人は人工的に掘った用水路も、元からあった自然河川も区別していなかったようだ。

江戸時代後期に分水された猫ケ洞用水のうち一本は川名村方面、もう一本は古井村（今池）方面へと導かれた。古井村へ入った猫ケ洞用水はさらに別の名前で呼ばれることもあり、村内にあるため池へ入り、そこからまた別の名前の用水となって流れていた。それぞれの用水は、さらに細かく枝分かれしていったが、猫ケ洞用水が流れていた跡は全く残されていない。

名前を変えながら流れる山崎川

現在は、同じ川にいくつもの名前が付けられることはあまりない。しかし昔は同じ川であってもいろいろな名前が付けられていた。

山崎川も江戸時代までは山崎川として表記しているのは新瑞橋（瑞穂区）から下流にあたる部分で、そこから上流部は地域ごとに異なる名前で呼ばれていた。明治になるまで今のように川の本流とか支流といった考え方はなく、すべての流れに名前が付けられていたわけでもない。現在では多くの支流を持つ川であっても一番水量の多い流れを本流として、上流にさかのぼり一つの名前で統一しているのが一般的だ。

丸山村の村絵図を見ると村の南を流れる川に**猫ケ洞悪《あく》水《すい》落《おち》筋《すじ》**の名前が付けられている。名前だけを見ると猫ケ洞用水のように思われるが、これは山崎川のことだ。現在の猫洞通にあたる場所に人家はほとんどなく、山崎川は田んぼの中を流れていた。悪水というと

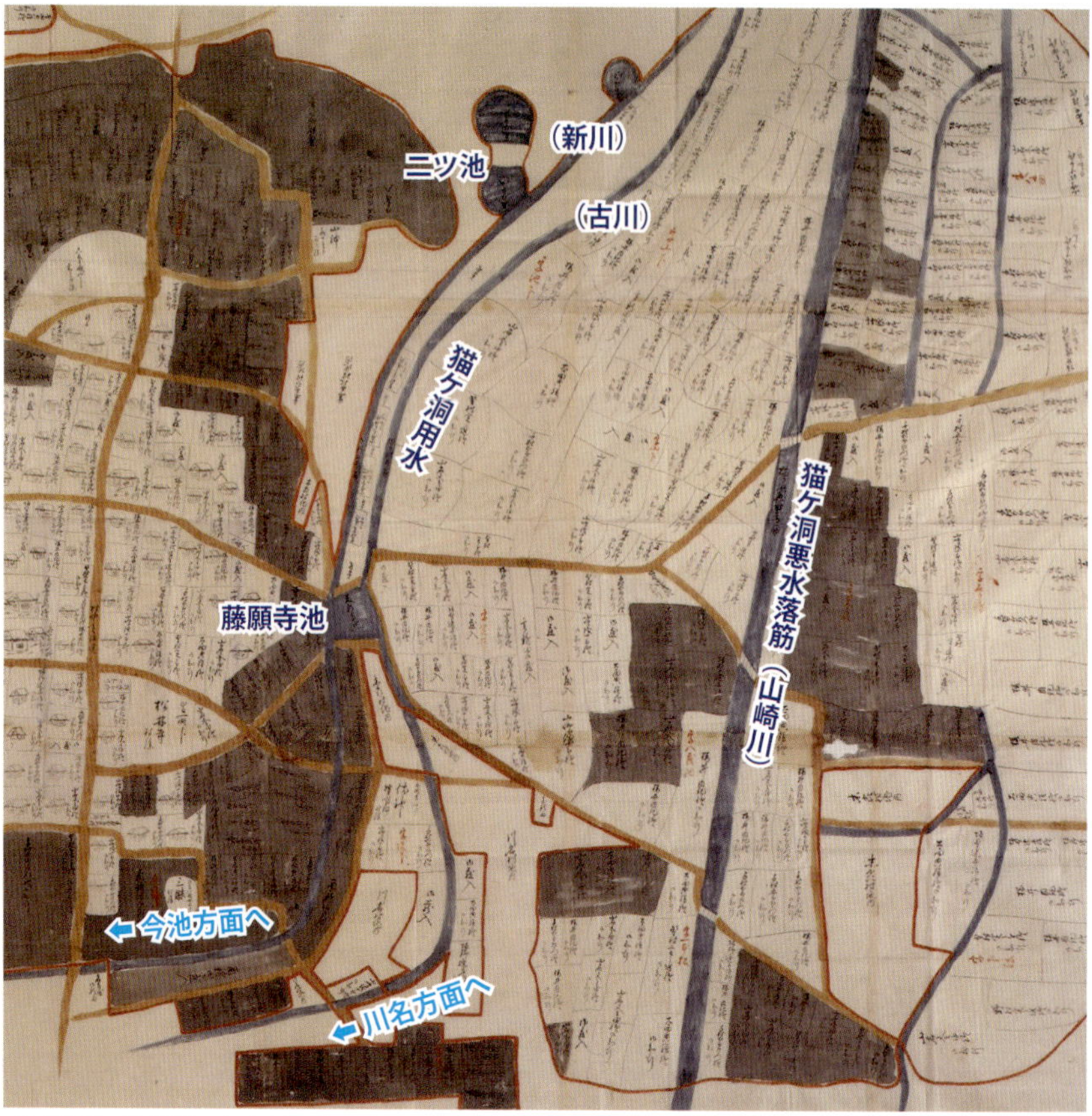

「村絵図　愛知郡　丸山村」（天保 12 年）徳川林政史研究所所蔵。猫ケ洞悪水落筋と書いてあるのが山崎川。左上が猫ケ洞用水の新川（上）と古川（下）。二ツ池を経て、藤原寺池のところで今池方面と川名方面へと分かれている

生活排水を連想するが、当時は田畑で使用してから再び流入する水も悪水と呼んでいた。

川名村は丸山村の南に隣接する。丸山村から川名村を通って石仏村へ向かう水路があるが、こちらは山崎川ではなく猫ケ洞用水だ。

猫ケ洞悪水落筋は川名村のあたりで**川名《かわな》川**（川菜川）、**匏《ひさご》川**とも呼ばれていた。山崎川に架かる安田通の橋の名は「匏橋」だ。昭和初期には、このあたりに匏町という町名もあった。近くにある川原神社（川名弁天）について『尾張徇行記《おわりじゅんこうき》』（文政年間）に「更生子水神匏川《ひさかは》菜埴《なはに》山媛矣」との記述がある。恐らく川原神社の関係で匏川と呼ばれたのだろう。水神匏川菜埴山媛は農業、陶器、土木など土に関連すると同時に川を鎮め堤防を守ってくれる女神だ。匏は「ひょうたん」のことで、

水を汲む器であり、水や酒を入れて持ち歩くときにも使われた。

　昭和区と瑞穂区の境近くまで流れてきた山崎川は、檀渓のあたりから**石《いし》川**と呼ばれていた。川の中に巨石がごろごろしていたところから、石川と呼ばれたのだろう。川の西には石川という字《あざ》名があり、小さなため池が二つあったようだ。石川の名は現在も山崎川に架かる石川橋をはじめバス停、マンション名、企業名などに数多く使われている。

ため池は山崎川の東側（左岸）に多かった

　川原神社は川名村の中心にあり、飯田街道沿いに民家が続いていた。飯田街道を東へ進むと山崎川（川名川）に架かる川名大橋を渡る。昔の山崎川には、いまほどたくさんの橋はかかっていなかった。そもそも道そのものが今よりはるかに少なかったため、橋を架ける必要もなかった。そうした中で、川名大橋は飯田街道に架けられていた橋で、大橋とも呼ばれていた。橋を渡り東へしばらく進むと地下鉄川名駅に出る。


川名村の集落と田畑の多くは山崎川の西側にあった。猫ケ洞用水が通っていたのは山崎川の西側で、東側には通っていない。

　川名村村絵図には山崎川の東側にある伊勝村との境の近くに**大迫間《おおはざま》池**が描いてある。川名村の中では一番大きなため池で『尾張国愛知郡誌』（明治22年）によると縦約209メートル、横約91メートル、周囲約603メートルとなっているが、底が砂礫で水の保留がよくなかった。大迫間池があった場所は昭和区向山町で、いまは愛知県立昭和荘が建っている。

　村絵図には大迫間池以外に**上池**、**古堤《ふるつつみ》池**、**居《い》迫間《はざま》池**や**荒《あら》池**、池としか書いていないものなど小さな池を含めて全部で九つのため池が描かれている。『尾張徇行記』では川名村のため池として**古**

川名村にあった大迫間池の跡（昭和荘）

上池、**新下池**、大迫間池、**飯迫間《いはざま》池**の四つ、『尾張志』では**籠《かご》池**、**新池**、大迫間池、飯迫間池の四つのため池を記載している。これらのため池のうち、いくつかは同じため池を別の名称で呼んでいたのではないかと思われる。例えば居迫間池と飯迫間池、上池と籠池、古堤池と新下池などである。これらのため池はすべて山崎川の東側にあり、西側にはない。

これらの池から流れる用水には、それぞれ名前が付けられていた。例えば大迫間池からの用水は大迫間池溝で約500メートル流れて山崎川へ落とされた。

水に乏しかった伊勝村

伊勝《いかつ》村は川名村と末森村に挟まれ

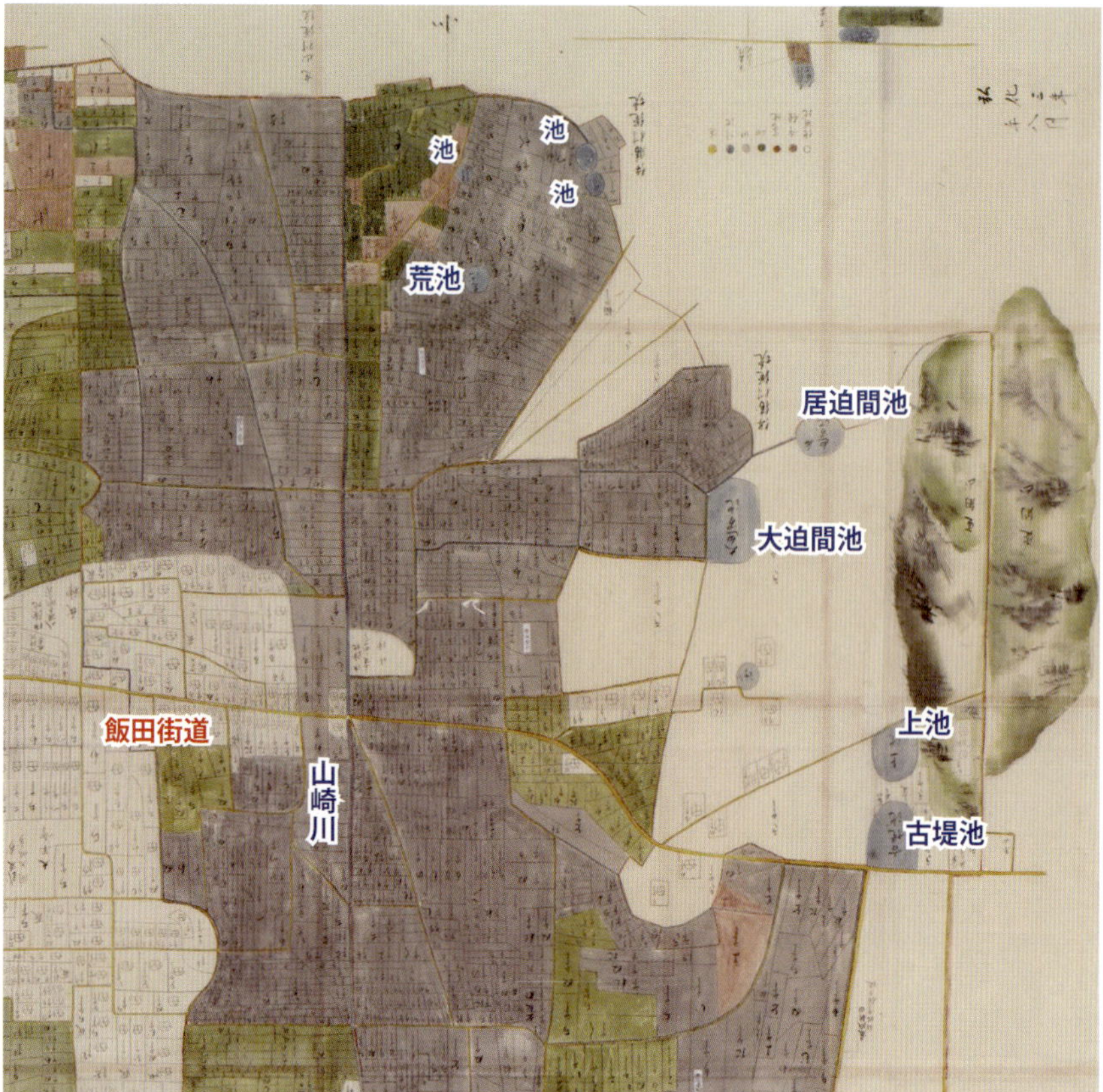

「村絵図　愛知郡　川名村」（弘化３年）徳川林政史研究所所蔵。左上にも小さな池が３つほど描かれている

た小さな集落で、山の上に人家が集まり、麓に田んぼがあった。そのため猫ケ洞池からの用水の恩恵が得られず、いくつかのため池があった。

明暦年間（１６５５〜１６５８）につくられた『寛文村々覚書』では村内のため池として、**はたいば池**、**しらす池**、**いばら原池**の三つが記載され、寛政（１７８９〜１８００）の頃につくられた村絵図には**濱井場《はまいば》池**、**白須《しらす》池**、**いばら池**の三つの池のほか、川名村の居迫間池、末森村の首り（利）池が描かれている。他村の池の水も利用していたようだ。

また天保12年（１８４１）につくられた村絵図には**雨《あま》池**、**茨《いばら》池**、**白洲《しらす》池**、**端米場《はまいば》池**の四つが描かれている。新しい池を一つ、つくったようだ。端米場池は「はまいば池」とも読めるが、別の読み方であったかもしれない。明治12年につくられた『愛知郡村誌』には白洲池ではなく白沙池と記載されている。表記の文字や呼び方に若干の違いはあるが、集落内に三カ所はため池があった。

このほか『愛知郡村誌』には**前田《まえだ》池**と**前田池溝**の名前が挙がっている。前田池は伊勝の集落の南にあった。ここから幅は均一ではないが０・９メートルから１・８メートルで、長さ８００メートルの前田溝が、西へ流れてい

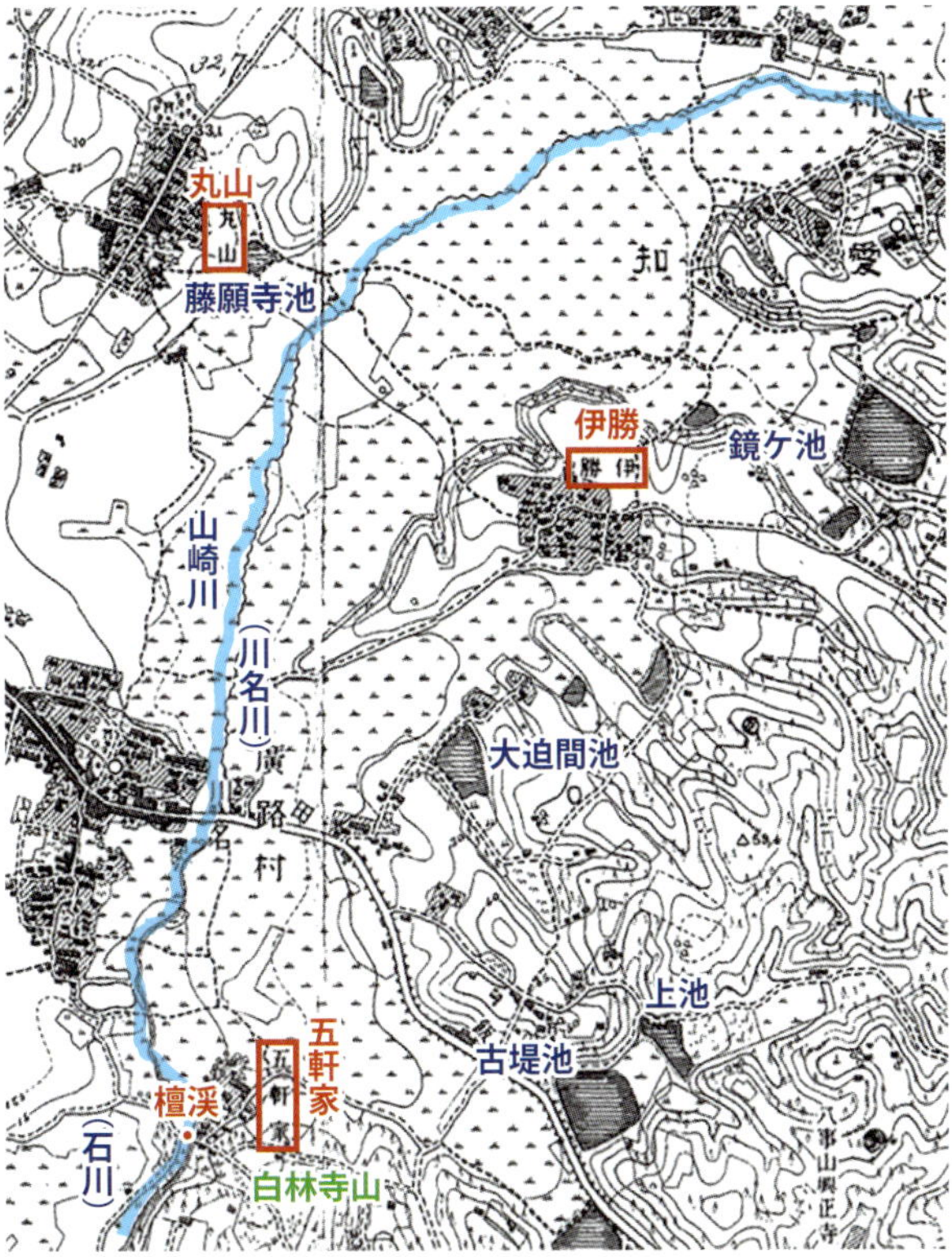

右上の大きな池は鏡ケ池。丸山の文字の横の池は藤原寺（桃巖寺）池。中央の池は川名村の大迫間池。伊勝村に属する池はいずれも小さく、保水性もよくなかった。愛知県立昭和荘の敷地は大迫間池とほぼ同じ形をしている（明治 24 年・2 万分の 1：国土地理院）

た。

いばら池は東西約80メートル、南北約88メートルと、それほど大きい池ではなかった。白須池は東西109メートル、南北106メートルでいばら池よりも若干大きかった。白須池からの用水の幅も均一ではなく、0・9メートルから1・5メートルであった。

村絵図や『尾張志』などの資料に記載されている伊勝村にあったため池のうちいくつかは、同じ池を異なる名前で呼んでいたのか、それとも明治になって埋められた池であったのかはよくわからない。いずれもそれほど大きな池ではなかったようだ。

伊勝の集落は隠れ里

伊勝村の歴史は古く、式内社の伊副神社ではないかと推論されている伊勝八幡宮があり、丘の頂上近くには佐久間盛政《もりまさ》の城があった。佐久間氏は織田信長の父である信秀の家老を務めた家柄だ。

鎌倉時代に起きた承久の乱（承久3年：1221）で、佐久間朝盛《とももり》が朝廷側に付き、子の家盛《いえもり》は鎌倉幕府

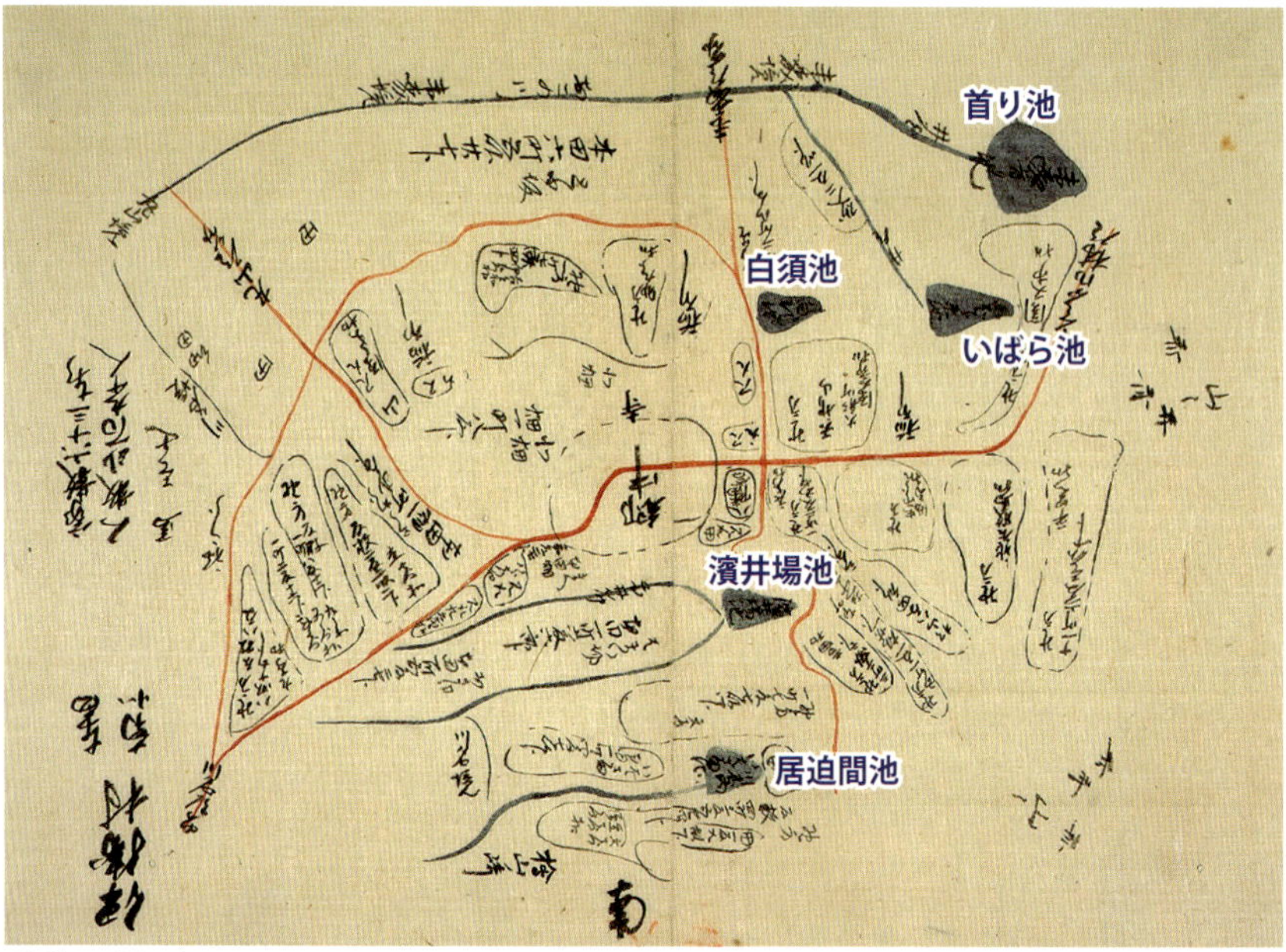

「愛知郡村邑全図 伊勝村」（寛政）愛知県図書館所蔵

側についた。この時、幕府側が勝利し、その功績によって家盛は御器所を所領した。一方、親である朝盛は、熱田の神官として伊勝を所領していた大原氏を頼り、伊勝の里に隠れ住んだといわれている。

伊勝村にはちょっと奇妙な言い伝えが残されている。昔、みすぼらしい姿の旅の僧が伊勝へ来た。喉の渇きをいやそうと村人に一杯の井戸水を所望した。ところが僧侶の姿がみすぼらしかったため、村人たちは水を差し出す事はなかった。僧は村はずれまで来たところで、一つの井戸だけ残して、残りは涸れてしまえと呪文を唱え、持っていた杖で地面を突いて村の井戸を涸らしてしまった。この僧は弘法大師であった。以来、この里は「井渇《いかつ》の里」と呼ばれるようになったのだという。

伊勝八幡宮。伊勝村は小さな村だが、古い歴史を持ち、城もあった。伊勝八幡宮は式内社に載っている愛智郡伊副神社ではないかともいわれている

川名村にあった大迫間池は、底が砂礫《されき》で水の保留がよくなかったが、伊勝村を中心とした区域も、同じように保水性のよくない地質だったようだ。

ところで仏教の基本理念は衆生済度である。弘法大師ほどの高僧が個人的な恨みで井戸の水を涸らし、人々を苦しめるようなことをするのだろうか。恐らくは佐久間朝盛が隠れ里としたことで、人をなるべく寄せ付けないようにするため、後世になってこうした話がつくられたのではないのだろうか。

杁と杁の間だから「杁中」

川名村の南に沿って東西へ細長く伸びているのが石《いし》仏《ぼとけ》村だ。集落の中心は、地下鉄御器所《ごきそ》駅の南、昭和区石仏町にあり、地下鉄いりなか駅のあたりまでが石仏村だった。

地下鉄川名駅の横に、平成31年（令和元年）に公園整備が完了した川名公園がある。広大な芝生広場があり、防災公園としての役目を持っている。園内には飯

田街道が園路として残され、八事方面へ延びている。かつて、ここを馬車鉄道が走っていた。街道をそのまま進むと「杁中《いりなか》」だ。地下鉄「いりなか駅」を過ぎたところで街道の右に**隼人《はやと》池**が見える。ただし、村絵図には隼人池ではなく、たんに溜池としか書かれてない。

　ところで、地下鉄の駅名は「いりなか駅」、バス停や交差点の名前にも「杁中」はあるが杁中という町名はない。杁は一般には馴染みの薄い漢字で、「いり」と読めない人も多いようだ。

「杁」は池などから用水へ流す水の量を必要に応じて調整できるように工夫した木製の水門だが、一般には木偏の「杁」ではなく土偏の「圦」が使われる。杁という字は日本でつくられた国字で、中国から伝わった漢字ではない。杁を使うのは愛知県の尾張地方と岐阜県海津地方、中津川市など、極めて限られている。

　尾張地方で杁がつくられるようになったのは、慶長年中（1596～1614）に伊奈備前守が検地を行った際、下小田井村《しもおたい》（現・西枇杷島町）の村人に杁づくりを教え、素晴らしい杁が出来上がってからだといわれている。下小田井村の杁は天明4年（1784）に新川がつくられてなくなったが現在も名鉄名古屋本線「二ツ杁駅」として名前が残っている。その後、幕府の公用語として「圦」の字が使われるようになり、尾張藩も幕府と同じ「圦」を使うようにしばしばお触れを出した。しかし、「圦」ではなく「杁」の文字が使われ続け、現在に至っている。

　隼人池は飯田街道に沿いにある。正保3年（164

川名公園の園路の一部として残された飯田街道

尾張藩附家老の名前から隼人池と呼ばれている

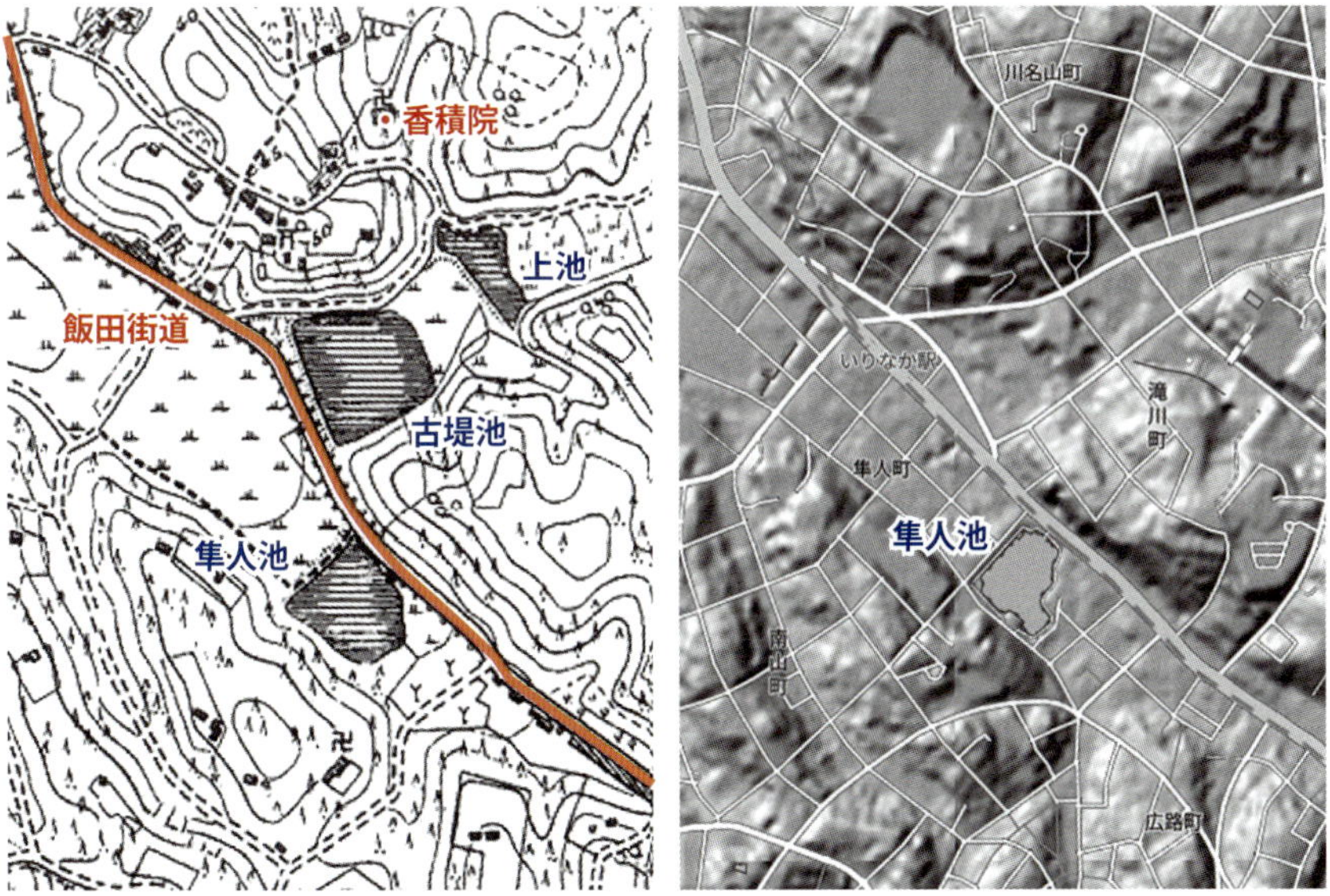

飯田街道を挟んで隼人池と古堤池、上池があった。現在、古堤池のあった場所は聖霊病院、上池があった場所にはスーパーマーケットが建っている（左：明治 24 年・2 万分の 1：国土地理院、右：地理院地図 Vector を加工して作成）

６）、尾張藩附家老の「成瀬《なるせ》隼人正《はやとのしょう》正虎《まさとら》」が新田開墾の際に修築したため、隼人池と称する」と伝えられている。修築というのは、杁の位置を上流へずらしたということのようだ。その結果、もともとあった杁と新しくつくられた杁の間にできた土地のため、杁中と呼ばれるようになった。

隼人池と二つの池

飯田街道は名古屋と岡崎を最短距離で結ぶため、徳川家康によって駿河道（街道）として整備された。その後、平針から先は、信州飯田方面へ向かう交易の道として盛んに使用された。山崎川を越えた飯田街道は、八事へと続く川名山の麓へ向かう。

飯田街道を挟んで隼人池の斜め向かい、現在の聖霊病院の向かいに**古堤《ふるつつみ》池**、その少し北に**上池**があった。ここからの水は南山高等学校・中学校のあたりで隼人池からの用水と合流し、山崎川の左岸（東）の田畑を潤した後、山崎川を樋で越えた。隼人池や古堤池などの水が山崎川を越えていたあたりは檀渓《だんけい》と呼ばれている。

檀渓は『尾張名所図会』に描かれているように、江戸時代は深山幽谷の地として知られ、この地に庵を結んだ白林《はくりん》寺の檀渓和尚に由来する名前で、このあたりは通称白林寺山という。白林寺（中区）は成瀬家の菩提寺であり、成瀬家によって檀渓近辺の山が白林寺に与えられたことから、白林寺山と呼ばれていた。

昭和 10 年頃の「檀渓」（名古屋市南山耕地整理組合地区全図より）

山崎川にかけられた樋

隼人池から小さな川が山崎川へ向かい、出合《であい》橋（昭和区檀渓通）と檀渓橋（昭和区五軒家町）の間に流れ込んでいる。**五軒家《ごけんや》川**と呼ばれているが、普段は、ほとんど水が流れていない。この川はかつての水路の跡とされ、このあたりで山崎川に樋をかけて対岸へ流されていた。

現在の「檀渓」

山崎川に架かる檀渓橋

『尾張名所図会』に檀渓で山崎川を越える樋が描かれている。絵を見る限りそれほど大きな樋には見えないが、対岸の藤成《ふじなり》新田を潤すためにつくられた樋である。隼人池の水は川幅1・2メートルから90センチメートルの用水で導かれていた。図会の樋は平たく描かれている。幅は1メートル前後くらいあったのではないかと考えられる。

藤成新田は、山崎川の対岸（西側）だけでなく、東側にもあった。御器所村の村絵図（94頁）には名古屋新田や、もとからあったと思われる田畑などが入り混じっている。新田というと米づくりの田んぼを連想するが、藤成新田では野菜などをつくる畑もかなりあったようだ。

成瀬氏はもともと藤原氏の出身ということから藤原の「藤」と成瀬の「成」をとって藤成新田と名付けられた。現在の藤成通はそこから付けられた名前だ。

地下鉄桜山駅のあたりから藤成通にかけて、全体が藤成新田であったのではなく、山崎川の東側と西側に

五軒家川と山崎川（手前）。このあたりで隼人池からの水は樋で山崎川の対岸へ引かれていた

「檀渓」『尾張名所図会』前篇巻五。土橋を渡った道は杁中の隼人池の裏へと続いていた

名古屋新田などと混在していた。

五軒家に入植した成瀬家の同心

　山崎川には土橋が掛けられ、その道は隼人池の南西裏にあった通称新豊寺《しんぶじ》山へと続いていた。このあたりは五軒家と呼ばれている。五軒家とは、五軒の家があったところから付けられた名前で、石仏村村絵図にも、五軒家のところに五軒の家が書き込まれている。

五軒家神明社。狛犬ではなくライオンの像が置いてある

　この五家は、もとは甲府城代となった平岩親吉《ちかよし》（犬山城城主・慶長16年没）が引き取った武田家の武士で、親吉没後に犬山城主となった成瀬家が引き取り、同心格となった人たちだ。

　この地にある五軒家神明社が創建されたのが寛永9年（1632）、地元の人の信仰を集めてきた氏神様だ。鳥居がなく、狛犬の代わりにライオンの像がおかれていることでも知られている。五家が入植して氏神様を祀ったのだろう。五軒家へ五家が入植したのは遅くとも五軒家神明社が創建された寛永9年までと考えられる。

　隼人池は新田開発のために修築されたと伝えられているが、修築が行われたのは五家の入植後14年もたった正保3年（1646）だ。五家が新田開発を目的に入植したのであれば、もっと早い時期に隼人池の修築が行われていてもいいはずだ。

軍事的要塞として重要であった八事

　三代将軍徳川家光の在位期間は元和9年～慶安4年（1623～1651）。尾張初代藩主・徳川義直の在位期間は慶長12年～慶安3年（1607～1650）。じつはこの時期、家光と義直は必ずしも仲が良いとはいえなかった。むしろ何かにつけて対立していた。幕府としては身内といえども、言うことを聞かなければ力でねじ伏せようと考えただろう。

杁中から八事へかけては成瀬氏、志水氏、滝川氏、横井氏、石河氏など尾張藩の重臣たちの給地があった。現在の八事は高級住宅街として、また大学や大型ショッピングセンター、おしゃれな店などが建ち並ぶ街となっているが、江戸時代の初期は人里離れた山で耕地に適した平地はほとんどなかった。重臣たちが賜った給地ではお茶の木が育てられた程度だという。あとは炭を焼くか薪を採取するくらいで、それほど経済的な価値があるとも思われない雑木林のような山であった。

八事の東側は急峻な崖が続き、崖を下った先には**天白川**がある。天白川を巨大な堀、八事の山を巨大な土塁に見立てれば、自然の要塞としての役割を果たし、敵を迎え撃つには絶好の地形である。東から攻めてくる敵に対し、重臣たちは八事にあるそれぞれの持ち山に陣を張る。

徳川方が最も警戒したのは西国大名であったが、大坂の陣で豊臣家が滅びてから西国大名はそれほどの脅威ではなくなっていた。軍事的、経済的に大きな力を持った尾張を東から攻めてくる敵があるとすれば幕府勢を置いてほかにはない。

岡崎で東海道と分かれ、駿河道（街道）から飯田街道に入れば最短時間で名古屋へ至る。中区新栄には多くの寺が集まっているが、これも万が一、戦になった時の軍事施設としての意味合いがあったとされる。尾張藩は、幕府に悟られないようにしながら飯田街道の守りを固めるための設備を順次整えていった。八事興正寺《こうしょうじ》もそうした施設の一つとしてつくられたといわれ、昔から「興正寺砦」ともいわれている。

隼人池が秘めていた役割

飯田街道は川名山の麓に沿って八事へと伸びている。隼人池の堰堤の下の田んぼを挟み、川名山の向かいは白林寺山だ。万が一、東からの敵が天白川を越え、八事の山も突破してきたならば、隼人池の堰を切る。水田はあっというまに泥濘《ぬかるみ》と化す。前進を阻まれた敵は細長い街道の中に閉じ込められる。街道の北と南の山には家臣を従えた重臣たちが陣を張っている。

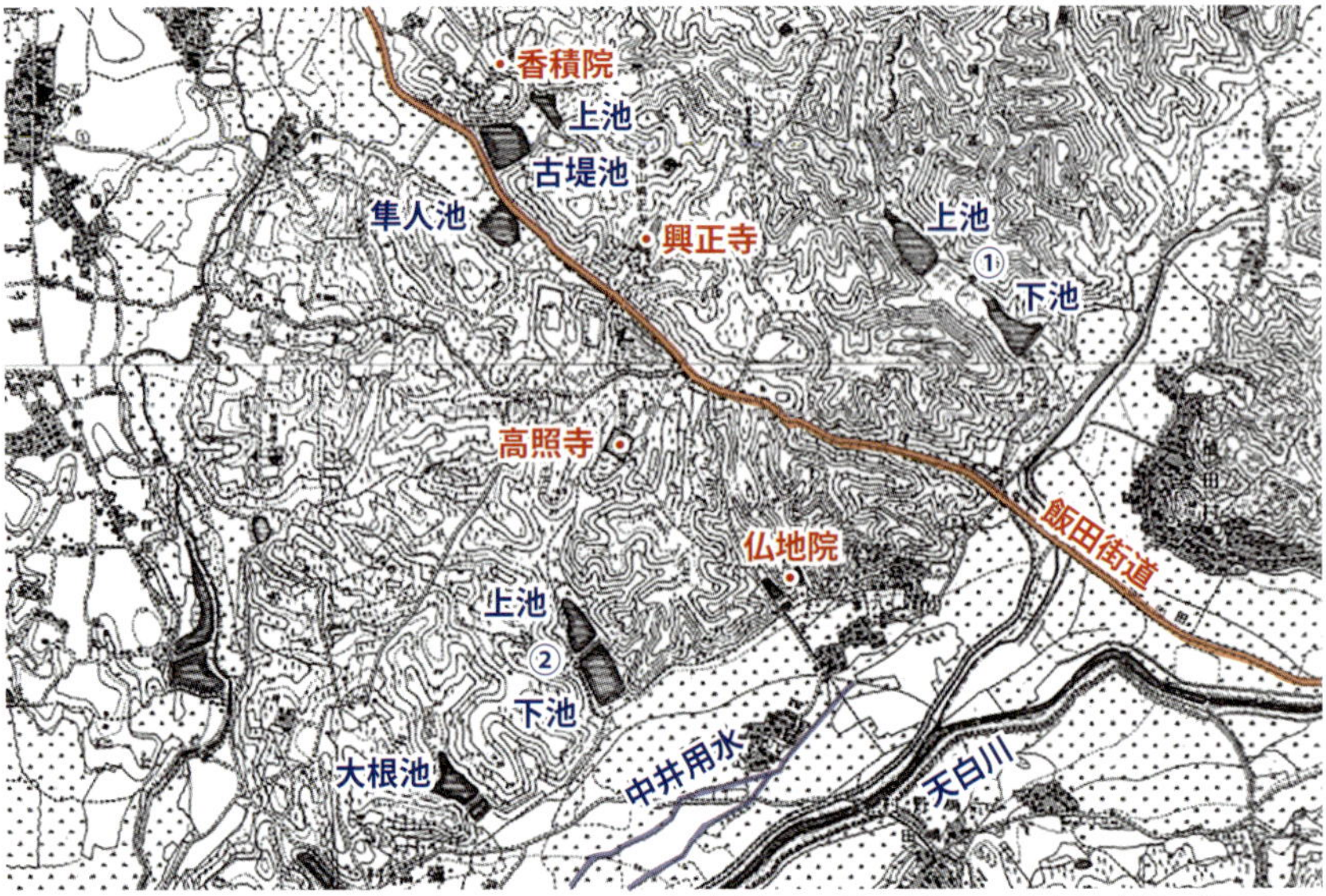

天白川を堀、八事の山を巨大な土塁に見立てることが出来る。①の上池は現在名城大学のグラウンド。②の上池、下池は大正から昭和にかけてあった八事遊園地でボート池などとして使われた。大根池の場所は現在の弥富公園（明治 24 年・2 万分の 1：国土地理院）

両側の山から敵を弓や鉄砲で攻めて殲滅させる。重臣たちが賜った川名山にはお茶が植えられていたとされるが、山から街道の見通しをよくするためでもあったのだろう。こうした戦術的な面を含め、重臣たちに給地を与え、隼人池を修築したとも考えられる。

隼人池の斜め向かいには飯田街道を挟んで、古堤池とその少し北に上池があった。隼人池だけでなくこれらの池の堰も切ればさらに効果は高くなる。それぞれの池の大きさは隼人池が東西１５４メートル、南北１３６メートル、古堤池は東西１５０メートル、南北１５４メートル、上池は東西１２７メートル、南北63メートルであった。

五軒家に成瀬家の同心が入植した当初は飯田街道の見張りや守備を目的とした。そして街道の守りをより強固なものとするため、以前からあったため池を東側へ移動し、さらに堤を高くしてより多くの水を貯められるようにした。もちろん、新田開発も隼人池修築の目的の一つであったが、同時に軍事的な意味合いを含ませたということも考えられる。

藤成新田のうち山崎川の西側は水田よりも畑が多

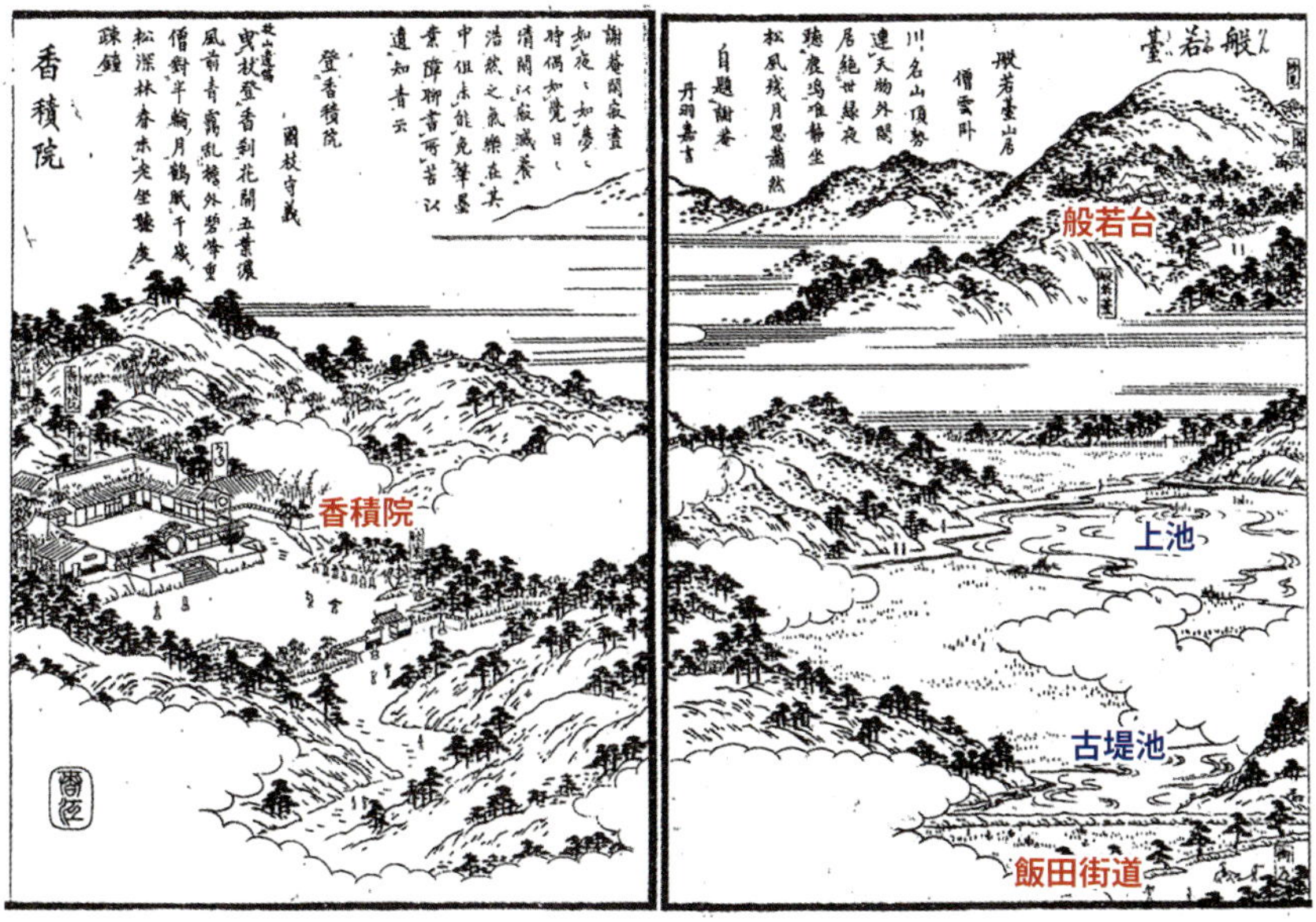

「香積院」「般若台」『尾張名所図会』前篇巻五。手前の松並木が飯田街道。現在、香積院のすぐ西は中京高校、般若台の裏は八事日赤がある。街道の上にため池が二つ描いてある。隼人池は飯田街道の下のあたりにある

かったともされる。隼人池を修築し、山崎川に樋を架けてまで開発するほどの価値ある土地であったのだろうか。飯田街道という重要な街道沿いの大きな池を修築すれば、幕府から疑いの目を向けられる可能性がある。隼人池の余水が大量に山崎川へ落とされたならば、ますます疑われかねない。そこで樋を架けて、新田開発のためという理由をつけて隼人池の修築を行ったのではないだろうか。五軒家へ入植したのも単なる農民ではなく、成瀬家の同心格の人たちだということも何かの意図が感じられる。

山崎川流域（江戸後期）

『尾張志』付図「愛知郡」愛知県図書館所蔵

第三章　山崎川周辺のため池

昭和９年の鼎池（石川土地区画整理組合、資料提供：田口氏）

三日月のような形をしていた鼎池

現在の山崎川は石川橋のあたりから瑞穂陸上競技場まで、なめらかな弧を描くように流れている。ところが昭和10年頃までは石川橋のあたりで西へほぼ直角に曲がり、汐路《しおじ》中学校（瑞穂区御莨町）を迂回するように流れ、再び現在とほぼ同じ河道へ戻っていた。山崎川全体の流れを見ても、これほど急激な流路の変わり方はここにしか見られない。過去に大きな洪水でもあったのだろうか。

山崎川沿いの名古屋市立大学薬用植物園の対岸に『尾張所図会』で萩の名所として紹介されている**鼎池**《かなえ》と**新雨池**《しんあま》があった。いま、木造の鼎小橋《かなえこ》が架けられているあたりだ。戦前はこのあたりから下流にかけていくつもの水車があった。鼎とは古代中国で飲食物を煮るために用いられてた足が三本ついた容器のことを指す。その形状に似ているところから鼎池と名付けられたようだ。

鼎池と新雨池は山崎川の右岸（西）沿いにあった。

石川橋

鼎池の跡。ここが池の北の端。左を山崎川が流れている

鼎池は縦が約532メートル、横36メートルと大変細長くこれが鼎の足の部分で、蛇行して流れていた川の一部が取り残されてつくられた三日月湖のような形状をしている。新雨池は縦172メートル、横153メートルで、これが鼎の容器部分に見立てられたのだろう。二つの池は堰堤で分けられていた。

一般のため池は川をせき止めてつくられることが多いが、鼎池は川に沿って堰堤で仕切られているだけで

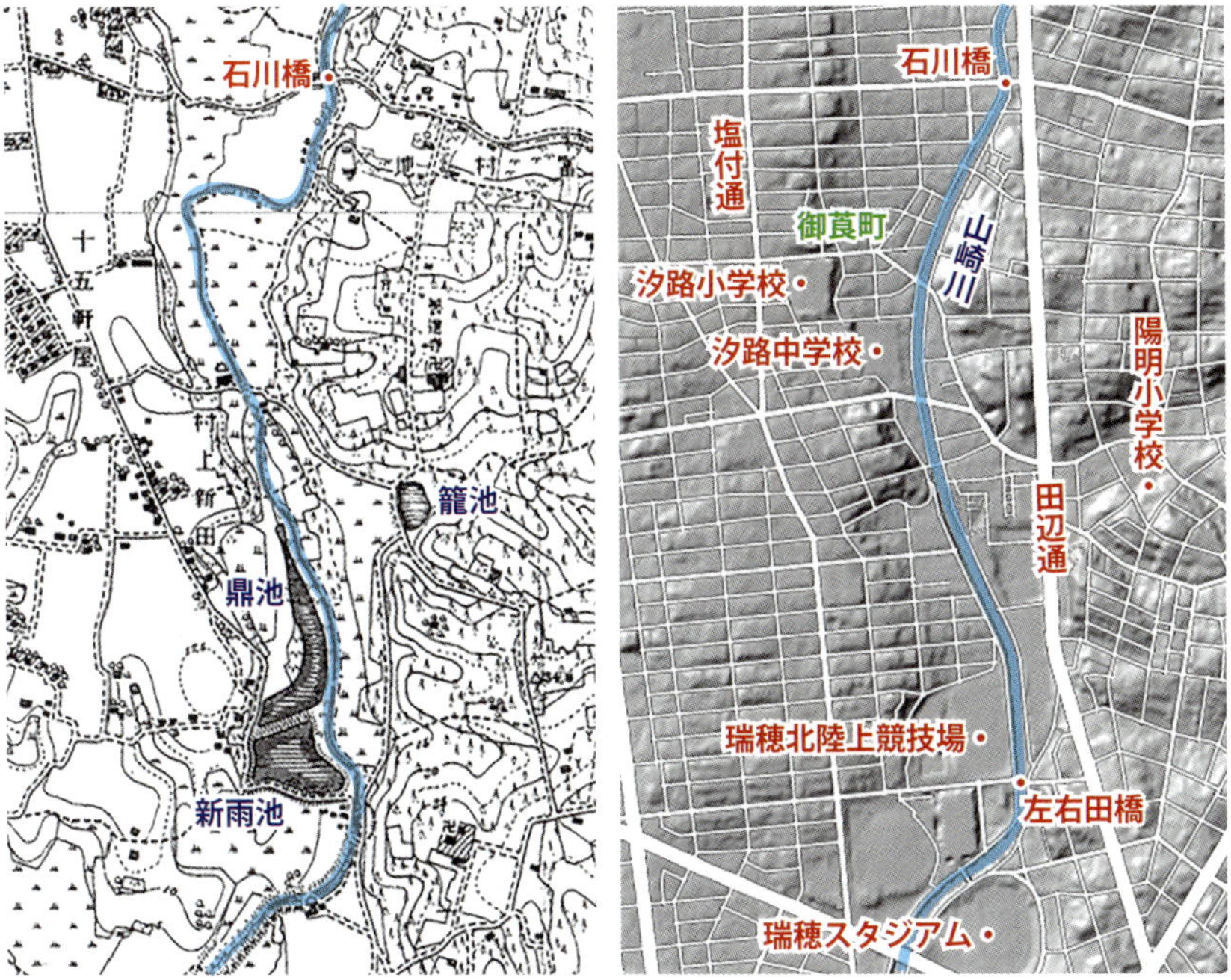

山崎川沿いの細長い池が鼎池、堰堤で区切られてすぐ南にあるのが新雨池。御莨（おたばこ）町のあたりで山崎川の流れが急に変化していた。田辺通りの右の陽明小学校の前に籠池があった（左：明治 24 年・2 万分の 1：国土地理院、右：地理院地図 Vector を加工して作成）

あった。

『尾張名所図会』では「此の（あゆちの水）北の方に鼎池とて大きな古池あり」とある。古池という表現から、鼎池はかなり古くに、自然にできた池のようにも思われるが、江戸時代後期の天保十二年（１８４１）の北井《きたい》戸《ど》田《た》村の村絵図には載っているが、それより50年ほど前の寛政（１７８９～１８０１）の頃につくられた村絵図には描かれていない。（56頁絵図）

このようなことから、鼎池は自然に形成されたのではなく、江戸時代後期に人為的につくられたため池のように思われる。

つまり、このあたりで山崎川の川幅が広がっていた。そこで川の流れに沿って堰堤を築いて細長いため池をつくった。その後、「鼎」の脚の付け根部分に堰堤を築き二つの池に分けて下流にあたる池を新雨池と呼ぶようになったのではないのだろうか。鼎池や新雨池の水は山崎川沿いにあった田畑へ導かれ、再び山崎川へ落とされていた。

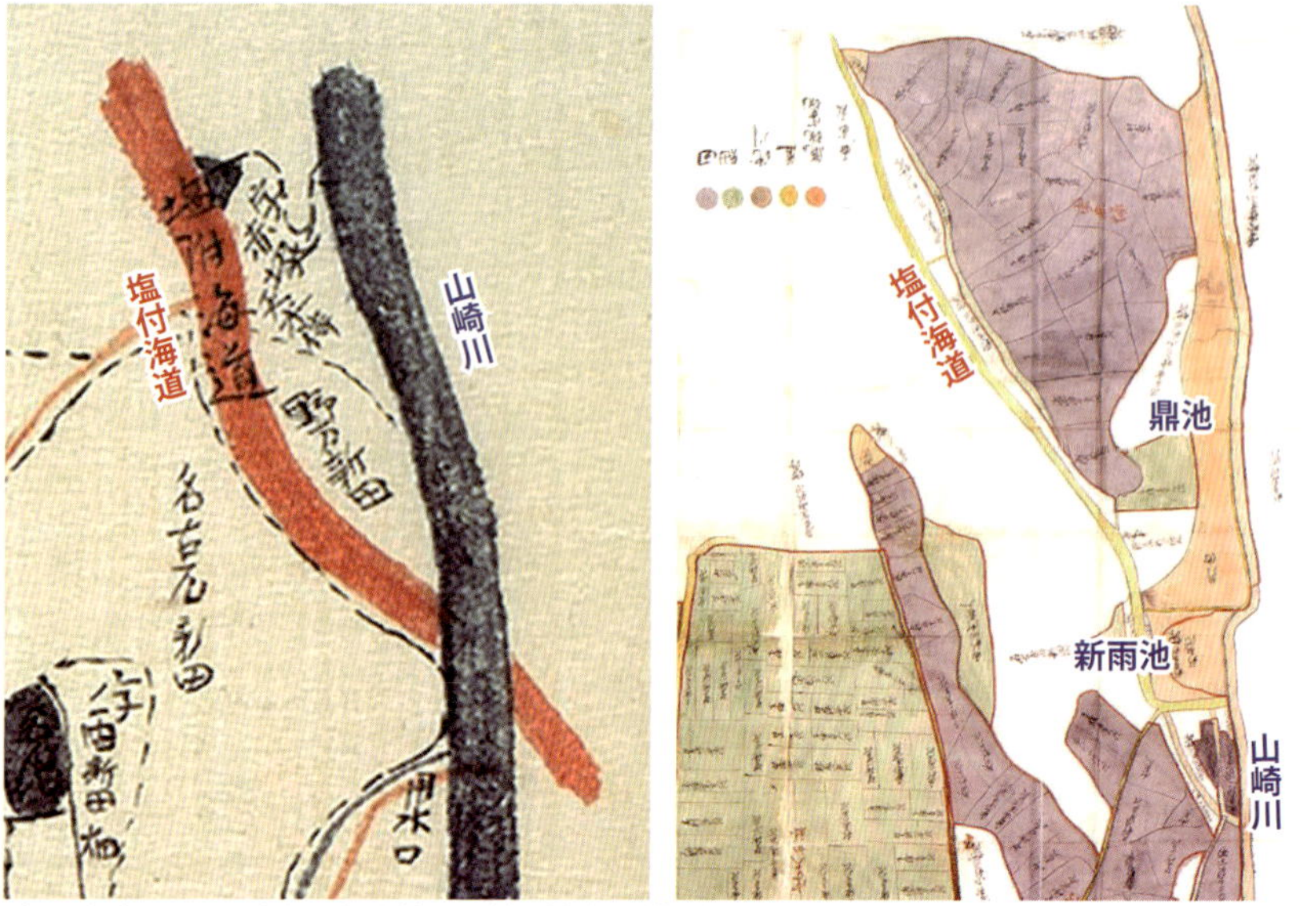

左は寛政の頃につくられた北井戸田村の村絵図（「愛知郡村邑全図 北井戸田村」愛知県図書館所蔵）。南北に山崎川が流れているが川沿いにため池は描かれていない。右の天保 12 年の村絵図（「村絵図 愛知郡　北井戸田村」徳川林政史研究所所蔵）には鼎池と新雨池が描かれている。新雨池の南を塩付海（街）道が通っている

萩の名所から桜の名所に

石川橋から鼎池のあったあたりまでは、桜の名所として知られている。ここに600本のソメイヨシノが植えられたのは昭和2年（1927）である。植樹したのは石川土地区画整理組合。その後、護岸工事や散策路整備などが行われ、現在は名古屋を代表する桜の名所になっている。

江戸時代、この付近は、桜ではなく秋萩の名所として『尾張名所図会』に描かれ、「池邉一面に萩多く、秋の頃は遊人の来賞殊に多し」と紹介されている。図会には鼎池の堤にたくさんの萩が描かれている。正面に見える山が中根山だろうか。中根山の続きに琵琶峰《びわがみね》があり、「琵琶峰」と刻まれた石が山上にあった。

琵琶峰の麓のあたりが「あゆちの水」の伝承地として、「古井戸」と「あゆち水」と書かれた石碑がある。その近くに琵琶峯と刻まれた石があり、山上にあったのと同じ石だと思われる。

平安時代末期、藤原師長《もろなが》が尾張の井戸田《いどだ》村（現・瑞

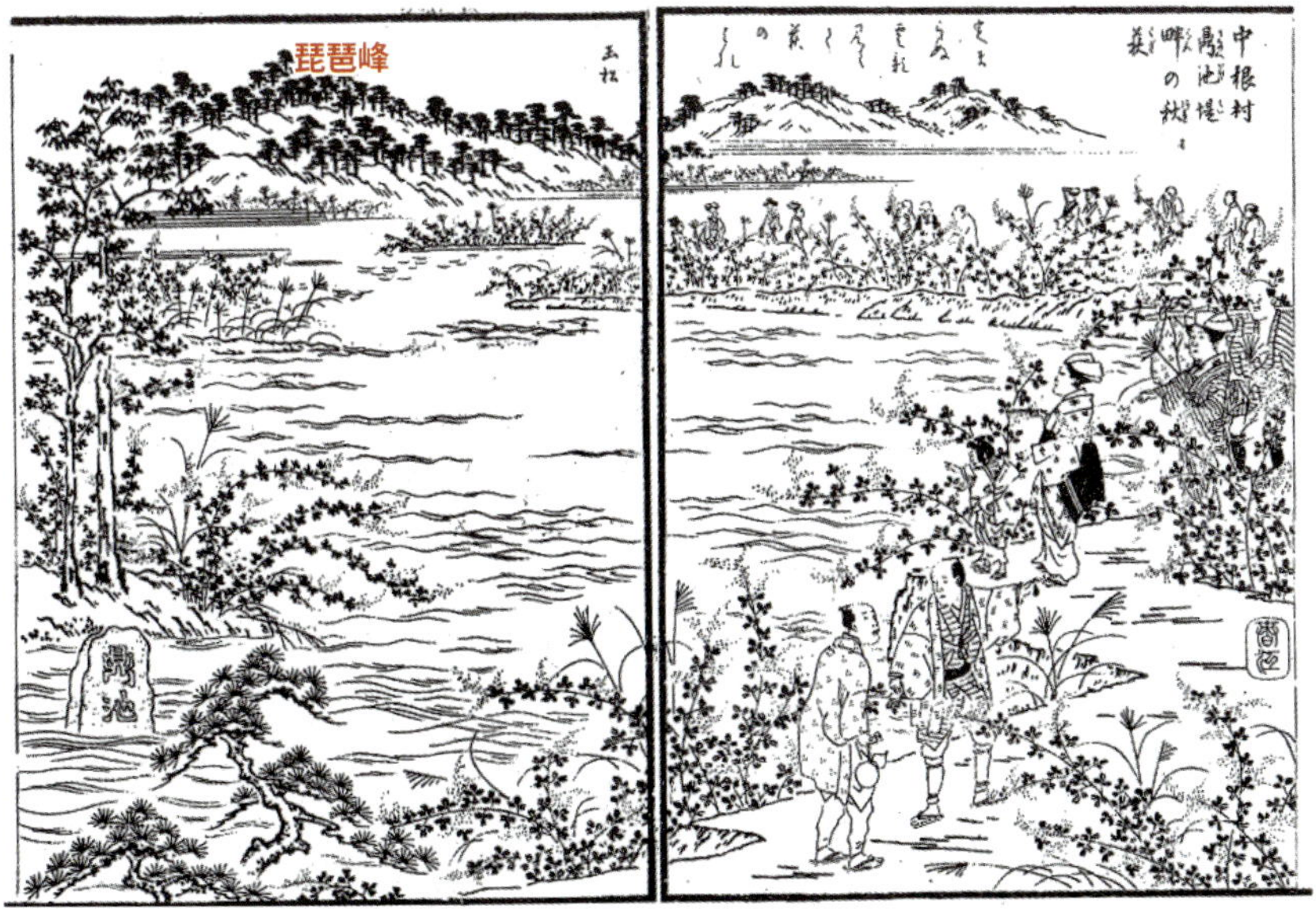

「中根村　鼎池堤畔の秋萩」『尾張名所図会』前篇巻五。池の中に「鼎池」の石碑が見える。萩を眺める人がいるのは鼎池と新雨池の間につくられた堰堤のあたりかと思われる

穂区）へ流され、折に触れ琵琶を弾じた山を琵琶峰と呼ぶようになったと伝えられている。山上からは海を臨むこともできる、とても風景の良いところであったという。

図会に描かれている手前の男性が手にしている瓠《ひさご》には、酒が入っているのだろう。右端の男性をよく見ると天秤棒のようなものを担いでいる。花を見ながら楽しむための弁当だろうか。『尾張名所図会』で鼎池は中根《なかね》村（現・瑞穂区）のところで紹介されているが、じつは北井戸田村（現・瑞穂区）に属する。山崎川を境にして、左岸（東）が中根村、右岸（西）が北井戸田村であった。

山崎川を徒歩で渡った塩付街道

かつて、南区のあたりは塩の産地であった。つくられた塩を運んだ道を塩付《しおつけ》街道と呼んでいた。現在、名古屋市立大学病院の東の町名は塩付通7丁目だが、これは塩付街道に由来する町名だ。また、道の名称としての塩付通もあるが、昔の塩付街道は塩付通の一本西

側の細い道で、一般には南区の本星崎《もとほしざき》から東区の古出《こで》来町《きまち》までの約10キロメートルを指している。昔の塩付街道が残されている部分もあるが、消滅した部分も多い。

　昭和区内は、塩付街道の跡とされる道が比較的よく残されている。瑞穂区内でも名古屋市立大学病院の東側は比較的わかりやすい形で残されているが、名古屋女子大学のあたりから南は、あまり明瞭ではない。

江戸時代、塩付街道は奥に見える瑞穂陸上競技場のあたりで川を渡渉していたようだ

　塩付街道のルートは時代によって若干変化している。江戸時代は南区の星崎《ほしざき》や戸部《とべ》、笠《かさ》寺《でら》などでつくられた塩は北へ向かい、地下鉄新瑞橋《あらたまばし》駅あたりから東へ延びる弥富通へ出る。このあたりまでの塩付街道は、区画整理事業などによって消滅したところが多い。弥富通を越えて北上し、萩山中学校（瑞穂区市丘町）の西を通り、瑞穂ラグビー場や陸上競技場の東を回り込むようにして、山崎川の左岸（東）に出る。しばらく川沿いに進み、左右田《そうだ》橋のあたりで川を渡渉し、山崎川の西側に渡った。このあたりの水深は歩いて渡ることができるくらい浅く、流れも緩やかだったのだろう。そのまま川に沿って進み、名古屋女子大のある方へ向かった。

　江戸時代以前は、左右田橋のあたりを過ぎ山崎川の左岸（東）をそのまま北上し、現在の田辺通のあたりを通り、陽明《ようめい》小学校の前にあった**籠《かご》池**の前を経て、石川大橋あたりで川を渡り、石仏《いしぼとけ》村方面へ向かったともいわれている。

瑞穂区には多くのため池があった

　瑞穂区は山崎川の西側の瑞穂《みずほ》町と東側の弥富《やとみ》町が合併して、昭和19年（1944）に昭和区から独立してつくられた。もう少し時代をさかのぼると、明治7年（1874）に高田《たかた》村、大喜《だいぎ》村、本願寺《ほんがんじ》村、本願寺新田、北井戸田村、本《ほん》井戸田村が合併して瑞穂村に、中根《なかね》村と八事《やごと》村が合併して弥冨村となった。昭和12年（1937）に昭和区ができると瑞穂村と弥冨村がそれぞれ瑞穂町、弥富町として昭和区の一部となった。ただし、瑞穂区として独立したとき、両町の一部の地域は昭和区や熱田区、南区となった。

瑞穂区内の山崎川は、八事から南へ延びる丘陵の麓に沿って、瑞穂区中央のやや東寄りを南北に流れている。その後、八事から続く丘陵がいったん途切れるが、南へと伸びる笠寺台地に遮られ、西向きに流れを変える。瑞穂村は山崎川と新堀川（精進川）に挟まれた御器所台地の南にあたる。瑞穂村がある台地の上に水田はあまり見られない。

今ではすべて姿を消してしまっているが、かつては瑞穂村の台地の周辺にもいくつかのため池があった。瑞穂運動場方面から地下鉄瑞穂運動場西駅へ延びる豊《とよ》岡《おか》通の坂を上ったあたりで道は緩やかにカーブする。カーブの少し南の方にあったのが大喜村の**田光《たこう》ケ《が》池**だ。池の大きさは縦約310メートル、横約91メートル、池の周囲は約1080メートルであったという。池は四角い部分と北東部分へ細長く突き出しているような形でできている。細長く突き出た部分の地形は、ちょうど谷のようになっている。周辺に降った雨がこの谷に集まってきたのだろう。

田光ケ池は**田子池**あるいは**蛸池**とも書いた。昔、このあたり一帯は田光庄と呼ばれた。「タコ」という読み方から、いろいろな当て字が使われるようになった。いずれにせよ蛸とは関係がなさそうだ。

田光ケ池のあった場所には白龍神社が建っている。田光ケ池は昭和12年頃に埋め立てられたが、そのときに事故が続いたため、池に棲む白竜大王の祟りではな

かつて田光ケ池のあった畔に建つ白龍神社

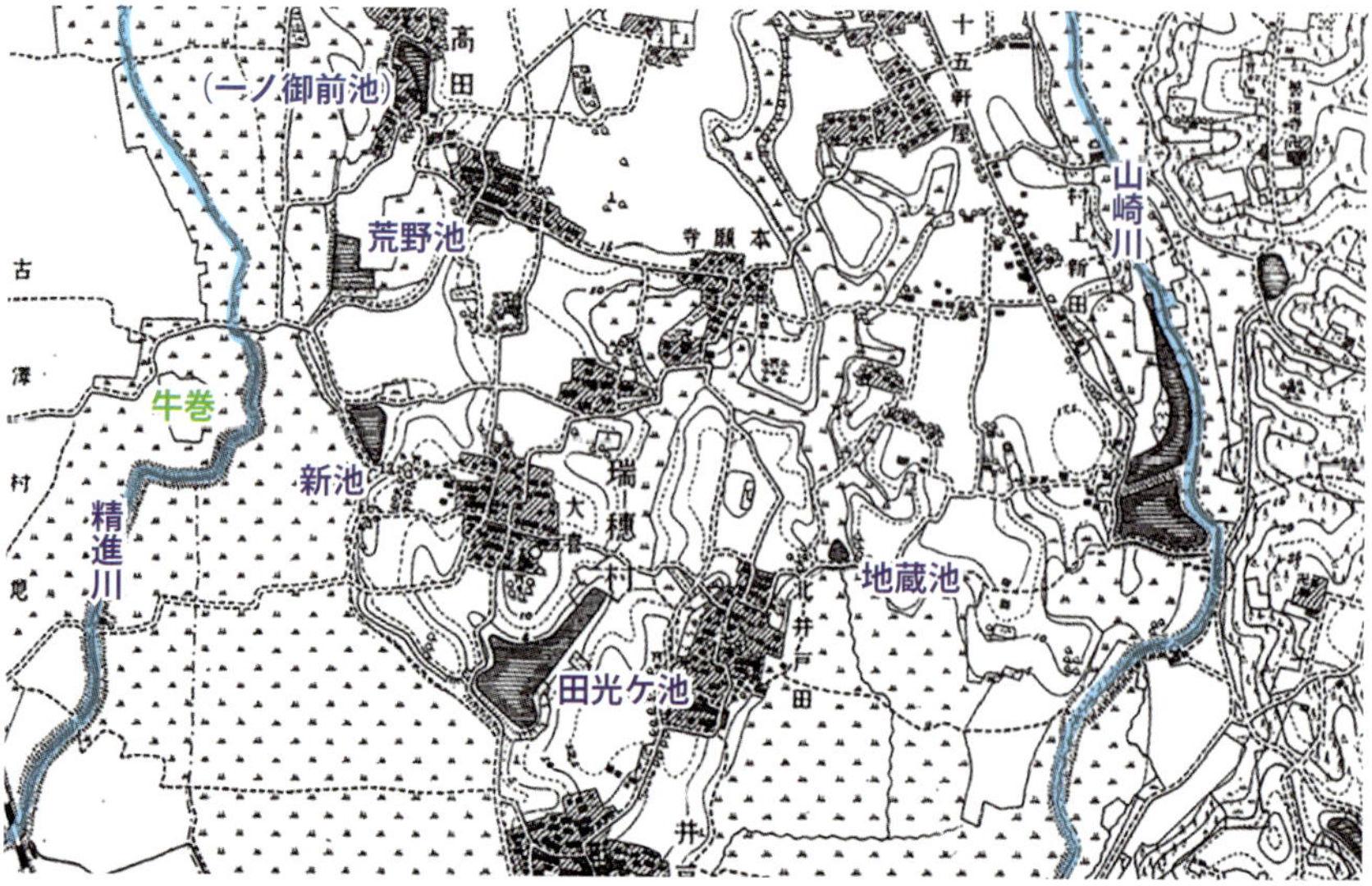

左の川が精進川、右が山崎川。御劔町付近には今池、船原町付近には一ノ御前池があった。ただし、今池や一ノ御前池は新池や荒野池の別称かもしれない（上：明治 24 年・2 万分の 1：国土地理院、下：地理院地図 Vector を加工して作成）

いかということで、事故で亡くなった人の霊を慰め、白竜大王を鎮めるために創建されたという。

地下鉄瑞穂運動場西駅のあたりには**地蔵《じぞう》池**があった。ここは江戸時代には北井戸田村であった。『尾張名所図会』によると、昔、池を掘った時、お地蔵様が出てきた。そこでこの池を地蔵池と名付けたという。お地蔵様はその後、山崎《やまざき》村（現・南区呼続《よびつぎ》）へ移され「湯谷《ゆあみ》地蔵」として信仰されている。このお地蔵様は珍しい鉄地蔵である。鉄地蔵は鎌倉から室町時代につくられたものが多い。

高田《たかだ》村（現・瑞穂区高田町周辺）には**荒野池**、**今池**、**一ノ御前池**（浅池、朝池、新池）などがあった。いずれも山の麓に位置していたことから、用水から導かれた水を貯めたのではなく、湧水や雨水をためていたと思われる。これらの池の水は田畑を潤した後、精進川（新堀川）へと流れていた。

水車や湊のあった山崎川

山崎川は川名川、石川と名前を変えながら流れた。山崎川と呼ばれていたのは新瑞橋の下流にあった山崎村に入ってからであるが、江戸時代より前は**諸根《もろね》川**と呼ばれていた。山崎村はいまの南区呼続町を中心にした地域にあった。

山崎村は、かつて人家の少ない場所であった。久寿年中（１１５４〜１１５６）に佐々木兵頭の次男・山崎源蔵という者が移り住んだ。次第に人が集まってきたので山崎源蔵の苗字をとって山崎村と呼ばれるようになったという（『尾張徇行記』）。山崎村の中を流れる川ということで、山崎川と呼ぶようになった。

ところで、江戸時代の山崎川はどんな姿であったのだろう。いま、山崎川は、道路から水面までかなりの高低差があるが、昔はもっと水面からの距離が近かった。瑞穂運動場から新瑞橋あたりまで、堤の上から水面までの高さは約１・８メートル、川幅は広いところで約25メートル、狭いところは６メートル、水深は１・５メートルであったという。流れは緩く、水運もあまり行われてはいなかった。

笠寺方面から来た旧東海道が山崎橋で川を跨ぐ。橋の長さは約２１・６メートル、幅は５・４メートルあった。『尾張名所図会』に山崎橋のあたりを描いた絵がある。この橋を中心にしたあたりが山崎村だ。また、山崎川と呼ばれるのはこのあたりからで川幅は橋の長さから考えると20メートル以上あったようだ。

山崎村からさらに下流のあたりは、堤の上から水面までの高さが約3メートル、水深約61センチメートル、川幅は25メートルから31メートルであった。川幅がかなり広くなっている分、水深は浅く、流れは緩やかであるが、このあたりまでは水運も行われていたようだ。また瑞穂運動場からこのあたりまで、かつては多くの水車があった。製粉や菜種の油を絞るためなどに使われていたのだろう。

昭和９年の山崎川・向田橋。川のすぐ横に立たなくても水面が見られた（石川土地区画整理組合、資料提供：田口氏）

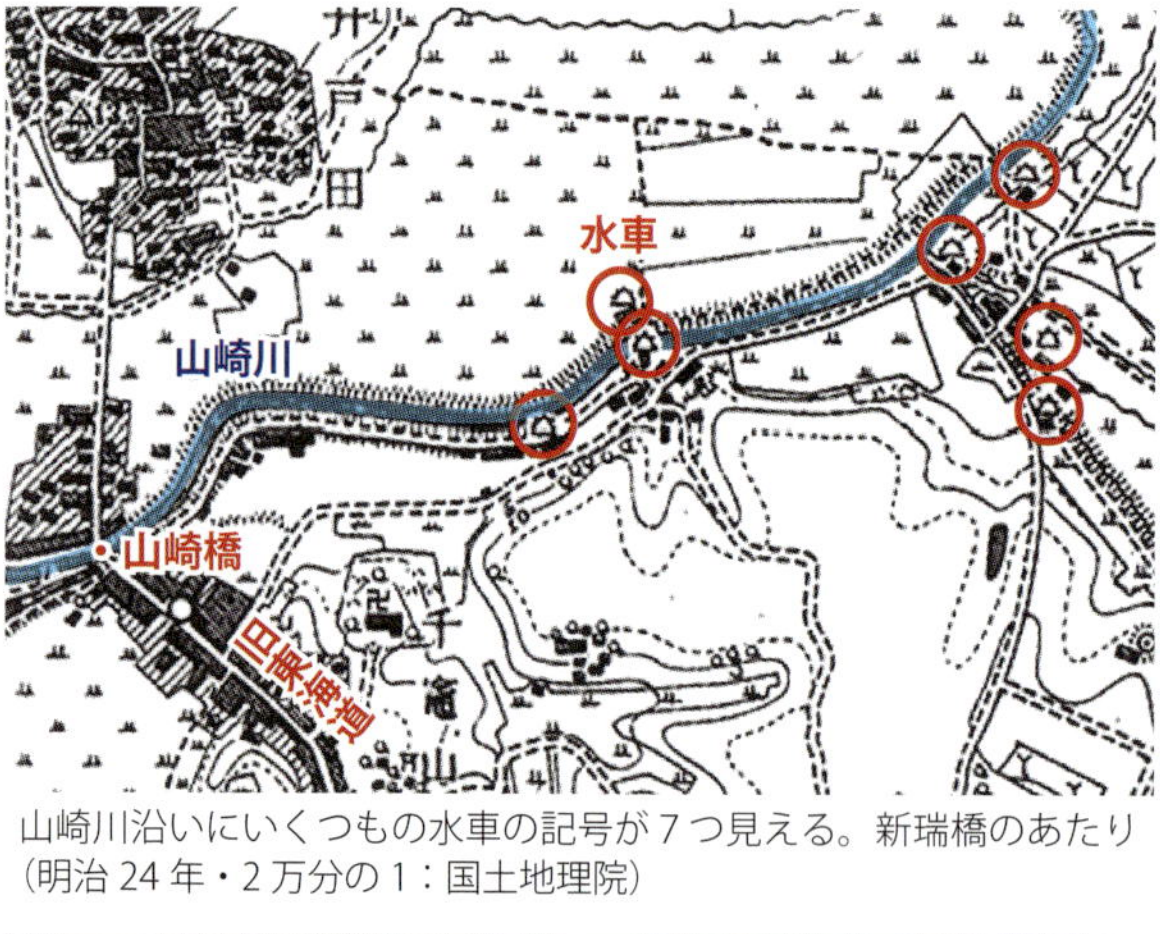

山崎川沿いにいくつもの水車の記号が７つ見える。新瑞橋のあたり（明治 24 年・２万分の１：国土地理院）

山崎橋から上流を臨む。明治、大正の頃はこの上流あたりにもいくつかの水車があった

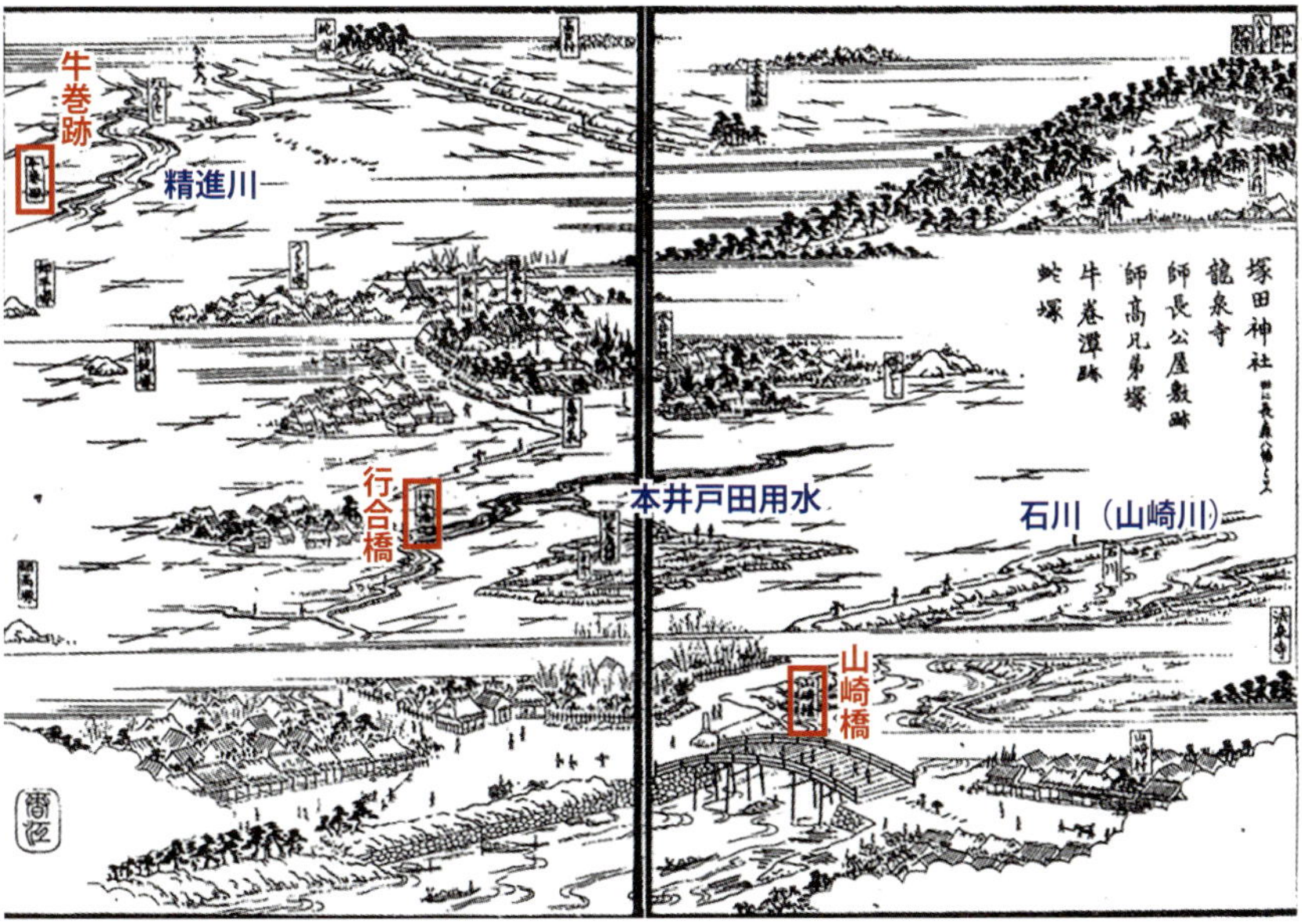

（上）「塚田神社」『尾張名所図会』前篇巻五。山崎川と東海道に架かる山崎橋。船は小さいが舟運が行われていた。行合橋が架かっている川は本井戸田用水。左上の川は精進川。（左）「広井官倉に貢米を納る図」『尾張名所図会』前篇巻一に描かれている貢米を運んできた船

『尾張国愛知郡誌』によると山崎川は、下流域で小舟を使うことができる程度の深さしかなく、灌漑用に使えるだけだとしている。それでも『尾張名所図会』には何隻もの船が川の中に描かれている。絵のほぼ中央に描かれている集落は本井戸田村だ。この村では年貢米を船に積み込み、山崎川を下って海に出てから堀川を上り、米を納めていたとされる。

『尾張名所図会』の「広井官倉に貢米を納る図」に描かれている堀川上流の舟に比べると、小型で、それほど多くの荷を積んでいない。水運が行われていたということは山崎橋のあたりに川湊があったはずだ。川岸には停泊している舟が何隻もみられる。小舟への荷の積み下ろしができるスペースさえあれば湊としての役割を果たしていたのだろう。

天白川へ向かう八事の湧水

八事の山を南北に分けるように東へと延びる飯田街道。天白川に差し掛かる少し手

前、飯田街道の北にある二つのため池は、昭和の初めに行楽地や別荘地として開発された天白渓《てんぱくけい》の中にあった**上池**と**下池**だ。上池には本物の水上飛行艇が浮かび、遊覧船として使われていた。下池は、いまも天白渓下池公園（天白区天白町大字八事裏山）として、池の一部が残っている。上池は現在、名城大学のグラウンドになっている。

八事興正寺の南に高照寺がある。その南東にに小さな池が三つ見える。このうちの一つが、いまも仏地院の横に残っている。高照寺の南にある二つの池は**上池**、**下池**と呼ばれ、明治から昭和にかけて多くの人を魅了した行楽地、八事遊園地にあった。上池ではボートが浮かべられていた。

八事遊園地の南西の池は**大根《おおね》池**で現在、弥富公園（瑞穂区弥富ケ丘）として整備され、多目的グラウンドの下に雨水調整池がつくられている。このほかにも**池《いけ》谷《や》池**、**五迫間《ごはざま》池**、**新《しん》池**、**四ツ《よっ》池**（上池、中池、下池）、**達磨《だるま》池**、**籠《かご》池**など、多くの池があった。これらの池の水は**中井《なかい》用水**（八事川）を通り、南区の新田開発にも使われた。

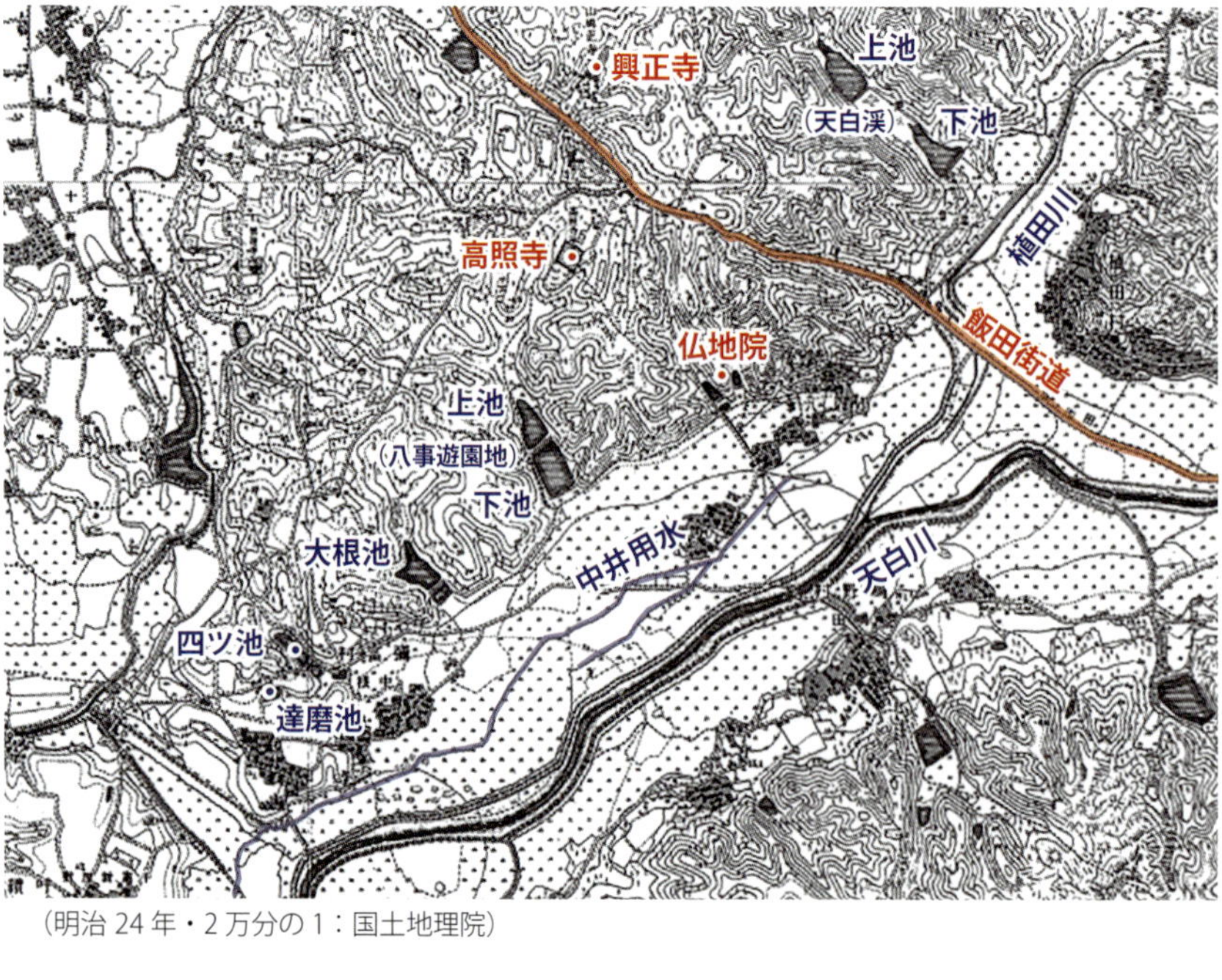

（明治 24 年・2 万分の 1：国土地理院）

四ツ池は上池、中池、下池の三つの池が連続していた。そのうち、上池は中ほどで区切られ、合わせて四つの池であった時の名前がそのまま残ったのではないかという。五迫間池にも上池と下池があった。池谷池も上池と下池の二つあったが、下池はあまり水を溜めることができず、灌漑用にはあまり役に立たなかったという。新池も底が砂礫《されき》のため、この池もあまり水を溜めることができなかった。

このほか達磨池や名前の記載されていない小さなため池がいくつもあった。池はすべて谷への入り口のようなところにつくられている。八事方面から伸びる山からの湧水を水源にしていたようだ。これらの池から発した用水が最後に流れ込むのは山崎川ではなく天白川であった。

山崎川が天白川になる

天白川は上流からの土砂の堆積によって、川底が浅くなり、洪水が起きやすい川だ。平成12年（2000）9月の東海豪雨は、昭和34年（1959）の伊勢湾台風以来という大きな被害を名古屋市に与え、いまも多くの人々の記憶に残っている。この時、庄内川、日光川、新川とともに天白川も氾濫した。

植田川と合流した天白川は、平子《ひらこ》橋（天白区）のところで西向きの流れから南へ直角に近い角度で曲がる。そのすぐ下流にあたる天白区野並周辺はとくに大きな被害を受けた。

天白川の水を、山崎川の落合橋あたりへ流した。左の橋が落合橋

しかし時代をさかのぼれば天白川の洪水被害は決して珍しいことではなく、江戸時代から流域の人々を苦しめてきた。『尾張徇行記』の八事村の項に「元来天白川の潦水《ろうすい》（＊大水、大雨）追々の決壊にて、田畑六十八町余の地、このうち二十九町余砂入になりし故、百姓離散して一村衰耗…」とある。砂入りと

は堤防が切れ、大量の土砂が流れ込むことをいう。大雨による天白川のたびたびの決壊で、田畑の四割以上が土砂に埋もれ、土地を離れる村人たちがいたという。

この当時、八事村の中心は、八事興正寺などがある場所ではなく、天白川を挟んで天白区役所の対岸の天白区元八事であった。

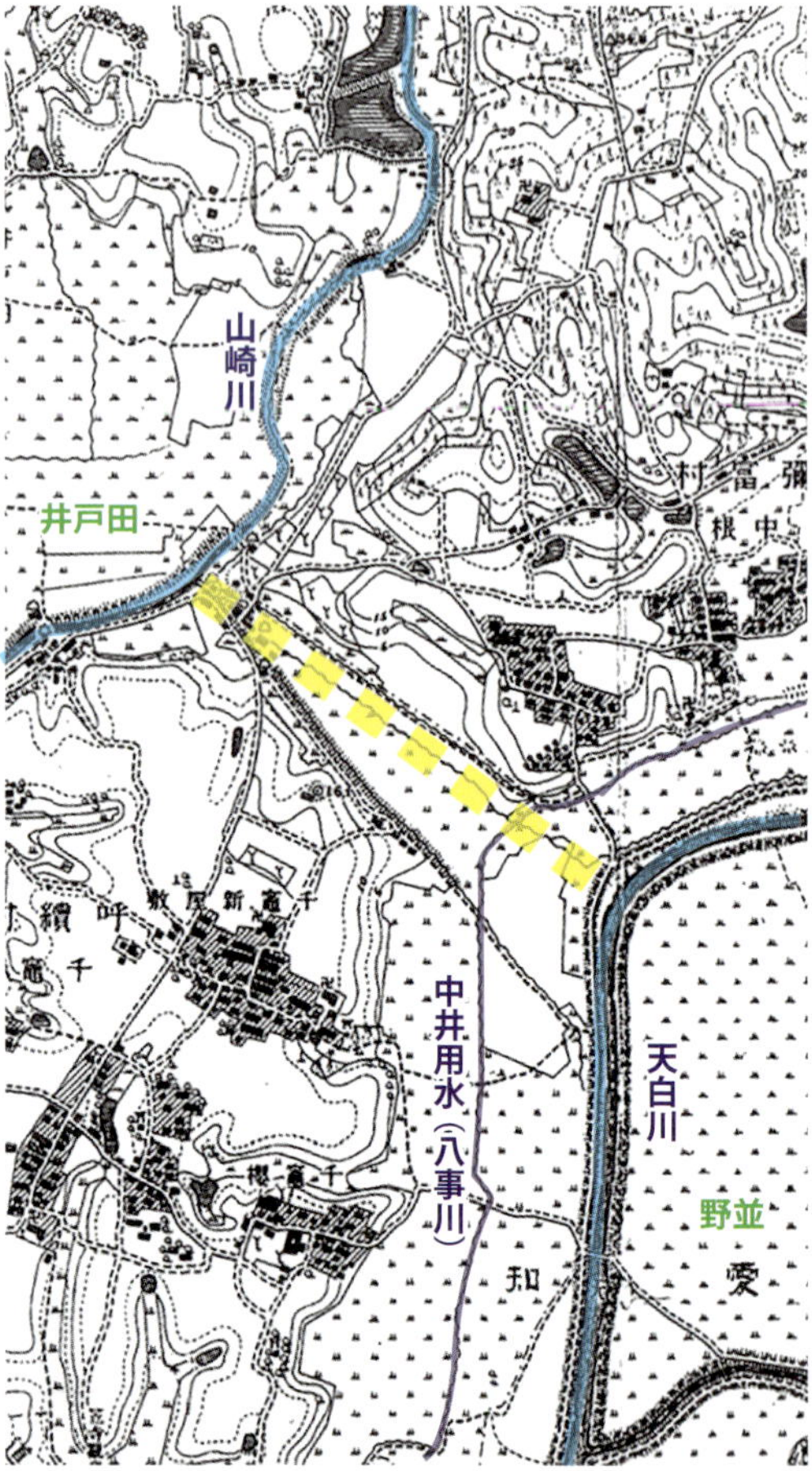

天白川と山崎川の間にある２本の水路のある場所が瀬替えの跡と思われる（明治 24 年・2 万分の 1：国土地理院）

天白川流域の洪水被害を減らすため、享保13年（1728）に、山崎川と天白川とをつなぐ新しい水路をつくる瀬替えが行われ、天白川の水を山崎川へ流すことになった。山崎川の新瑞橋のすぐ上流に架かる落合橋と天白川の平子橋の間で両河川は最も接近している。ここに新しく水路をつくり、天白川の水を山崎川へ流した。

ところが今度は山崎川右岸にあった本井戸田村（現・瑞穂区）などが洪水に見舞われるようになった。そこで地元の庄屋たちが藩に願い出た結果、元文6年（1741）に天白川の流れは元に戻された。瀬替えをして、元の流れに戻すまでの14年間に、なんと17回も山崎川が氾濫したという。

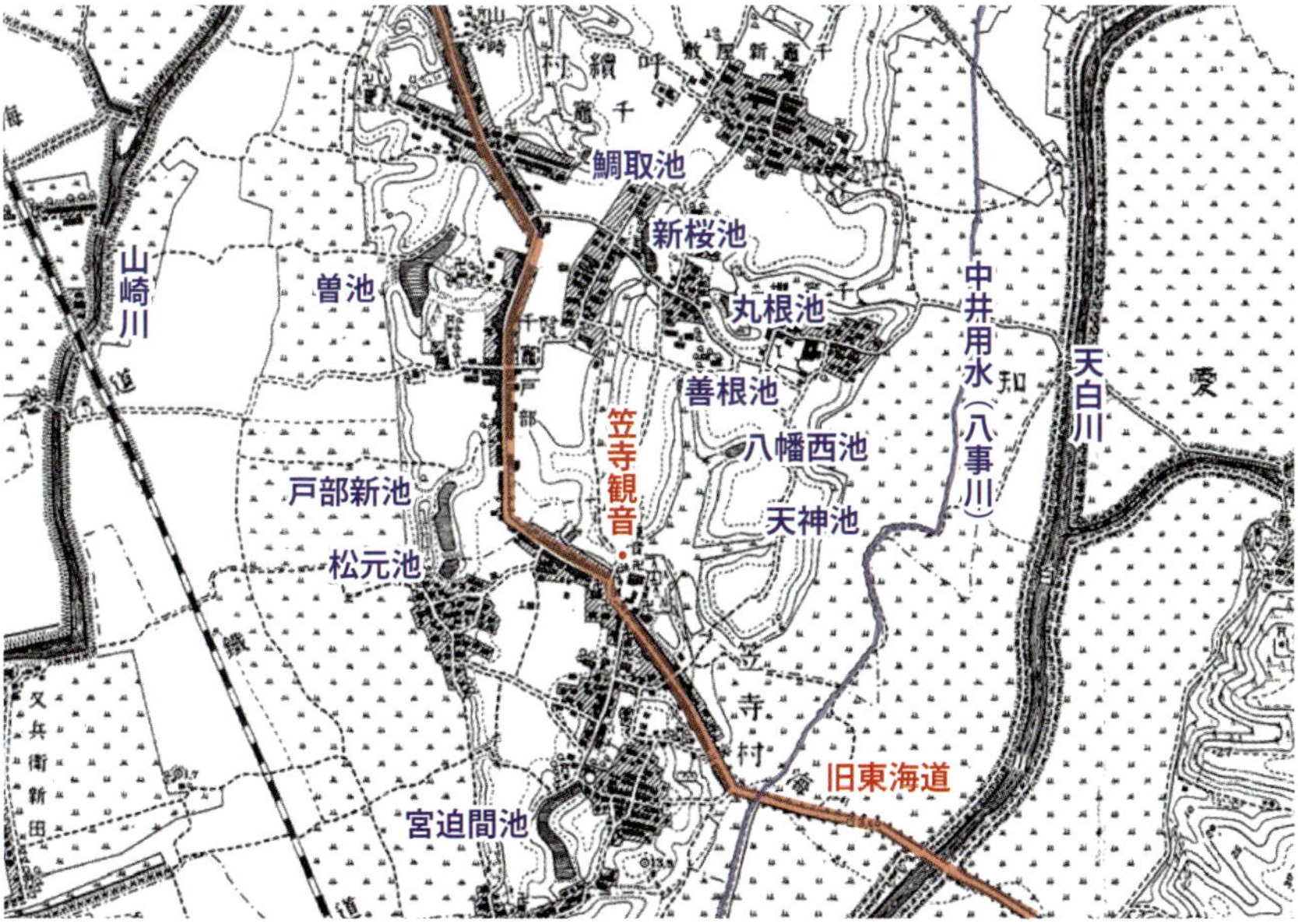

名鉄本線桜駅西の富部神社（呼続公園）の池（曽池）のほかに、池の跡は確認できない（明治 24 年・2 万分の 1：国土地理院）

小さなため池が散在していた笠寺台地

八事丘陵と瑞穂台地の間を流れてきた山崎川は、笠寺台地に阻まれて西へと向きを変える。笠寺台地の上には旧東海道が通っている。笠寺台地にもいくつかのため池があった。

東海通の南、呼続公園の西に曽池《そいけ》町がある。呼続公園内にある**曽**《そ》**池**は江戸時代からのため池だ。呼続公園の東には桜村があった。この村は畑のある丘の周りで水田耕作が行われ、ため池をつくり、灌漑に使っていた。

戸部《とべ》町3丁目には**戸部新池**があり、名古屋環状道路と名鉄名古屋本線が交差する粕畠《かすばた》公園の南には**宮迫間**《みやはざま》**池**があった。これらの池は旧東海道の西側で笠寺台地の西縁に位置する。笠寺台地にあった池の中ではこの三つの池が比較的大きい。他にも**松元**《まつもと》**池**があった。

旧東海道の東側には名古屋環状道路と東海通の桜本町交差点近くに**新桜**《しんさくら》**池**、桜本町交差点と地下鉄桜通線鶴里駅の間から少し南には**丸根**《まるね》**池**と**鶴里**《つるさと》**池**、笠寺公園の北の端には**天神池**、ほかにも**善根**《ぜんこん》**池**、**八幡西池**などがあった。これらの池は小さなものばかりだ。いずれも小さな谷の奥まった場所にあった。台地の東縁と天白川との間には**中井用水**（八事川）が引かれていた。この用水の水源は八事村（現在は天白区地内）にあり、天白川の西側に沿って流れ、下流で**大江**《おおえ》**川**となった。

バケモノ新田と呼ばれた加福新田

山崎川は『尾張国愛知郡村誌』（明治22年）では約9・8キロメートルとなっていたが、いま、猫ケ洞池から河口までの流路延長は約13キロメートルとなっている。自然の川は蛇行しながら流れるのが普通だ。しかし明治以降、都市部などを洪水の被害から守るためできる限り川を直線化し、速やかに排水する治水の考え方がとられてきた。山崎川も例外ではなく、直線化するか、できる限りカーブを緩くするなどの対策が行われてきた。

蛇行している河道が直線化されれば、川は短くなるはずだ。ところが山崎川の長さはどんどん延びてきた。一番の理由は河口の位置が変わったことにある。

縄文時代は海水面がいまより、もっと上昇していた。山崎川沿いの瑞穂陸上競技場の横に大曲輪貝塚があることからも、このあたりが河口であったことがわかる。その後は海面の低下や土砂の堆積により河口は次第に南へ延び、平安時代の頃は新瑞橋のあたりが河

JR 東海道線の走っているあたりがかつての海岸線。星崎は塩の産地であった（地理院地図 Vector を加工して作成）

「熱田の浦人海獺を捕らふ」『尾張名所図会』附録巻二。工場などが建ち並ぶ現在の風景から、ここで漁が行われ、アザラシも獲れたことなど、信じ難い

口となった。

さらに河口の位置は南に下がり、現在、ＪＲ東海道線が走っているあたりが海岸線になり、東海通が山崎川を渡る祐竹《ゆうちく》橋あたりが河口になった。さらに新田開発で海が陸地になると、いまの東海通に沿うような形で祐竹橋の西へと河口は延びていった。なお江戸時代に塩がつくられていたのは南区の星崎あたりの海岸である。

山崎川は熱田《あつた》湊《みなと》（七里の渡）の近くで海に出たが、熱田湊はもともと水深が浅いうえ、そこへ山崎川から運ばれる土砂によって、さらに浅くなっていた。そこで山崎川をさらに南へ伸ばし、国道23号（名四国道）の山崎川橋のすぐ東に架かる豊生《ほうせい》橋のあたりから西へ流すように川筋を付け替えた。この川筋は安政３年（１８５６）につくられた。

付け替えが行われる前の山崎川が流れていた場所に氷室《ひむろ》町がある。ここには氷室新田があった。氷室とは一般に夏まで氷を保存する場所を指すが、この地の名前は氷室新田を開拓した若宮八幡の神官、氷室長冬《ながふゆ》から付けられた。

新しく付け替えられた山崎川のすぐ南には加福《かふく》新田（現・南区加福町）があり、別名を「化物《ばけもの》新田」とも呼んでいた。天保4年（1833）、この新田の沖でアザラシが漁師の網にかかった。そのアザラシを化物としたからだ。このアザラシは、大須の清寿院で見世物となり、多いに人気を博したという。

下流につくられていた堤

山崎川は日々変わることがなく流れているように見える。しかし、何十年、何百年という単位で見ると、水源、水質、川の持つ役割、川の長さなど上流部から河口部まで、大きく変化を続けてきた。

江戸時代には瑞穂運動場のあたりから河口までの両岸に堤塘《ていとう》が築かれた。『尾張国愛知郡誌』（明治22年）によると山崎川の両岸には瑞穂村から海まで右岸（西）に4・8キロメートル、左岸（東）に4・3キロメートルの堤（土手）がつくられていた。

右岸の堤の高さは1・8メートルから5・5メートル、堤上の幅は狭いところで1・8メートル、広いところでは4・5メートルあった。

左岸の堤の高さは1・8メートルから4・5メートル、堤上の幅は狭いところで1・2メートル、広いところで2・6メートルあったというから、山崎川の左岸にあたる現在の南区側よりも右岸にあたる瑞穂区や神宮領のあった熱田区側の堤の方が高く、人馬の往来もしやすかったようだ。下流は水深が浅く、小舟くらいしか利用できず、灌漑用にしか使えないとも書かれている。

時代とともに変わる山崎川の生き物たち

山崎川の本格的河川改修が行われるようになったのは昭和34年（1959）の伊勢湾台風がきっかけであった。かつては川岸から水面までの距離はもっと近かったが、大雨などによる洪水被害から守るため、川床が年々深く掘り下げられてきた。

山崎川の変化で、忘れてはならないことがもう一つある。かつては上流部から河口域に至るまで、多くの生き物がいた。昭和30年代頃までは、オニヤンマ、ギンヤンマなどのトンボ、シジミ、アユ、イタセンパラ、モツゴなどの魚介類、トウキョウサンショウオ、アマガエル、トノサマガエルといった両生類、ゲンジボタル、ヘイケボタル、ヒメボタルなどもたくさんいた。

昭和10年（1935）頃、鼎池の半分が埋め立てられてゴルフ場になり、新雨池のあたりは、昭和16年（1941）につくられた瑞穂運動場の一部となった。この頃までは、鼎池や新雨池にはオオオニハスが水面を覆うほど生えていた。新雨池も昭和30年代後半にはすべて埋め立てられた。

昭和９年の鼎池。池の向こうはゴルフ場になっていた。奥に見える建物はクラブハウス（石川土地区画整理組合、資料提供：田口氏）

【コラム】名前から見えてくるため池の姿

名前の付け方はさまざま

ため池の名前には**猫ケ洞池**、**首利池**（絞池）のように地名から付けられたもの、**源蔵池**、**隼人池**のようにため池をつくった人の名前に由来するもの、大池や丸池、長池といった大きさや形からきたと思われるものなどさまざまである。

大迫間池、**居迫間池**、**飯迫間池**、**五迫間池**、**宮迫間池**など「迫間」の付いた池も多い。「迫間」は廻間、狭間とも書き、谷間とか谷あいの狭い場所を指す言葉だ。つまり、谷の入口のような場所につくられたところから付いた名前だ。しかし同じような地形にあってもハザマの付かない池も多い。

さらに同じため池であっても、複数の名前を持つものも多かった。現在、中警察署となっている場所には大きなため池があった。池の名前は**大《おお》池**、**鞠《こうじ》ケ《が》池**、**麹《こうじ》池**などと呼ばれていた。また**王《おお》池**や**糀《こうじ》池**の文字も使われていた。昭和区御器所1丁目にある龍興寺の前にあった池も**龍興寺池**や**天池**と呼ばれていた。

隼人池は尾張藩国家老の成瀬隼人正が修築したところからつけられた名前だとされているが、江戸時代の村絵図を見るとたんに「溜池」としか表記されていない。いかに成瀬隼人正が修築したからといって、尾張藩の重臣を呼び捨てにするのは憚《はばか》られる。成瀬様の池とか隼人正様の池と呼んでいたのならわかる。したがって、藩へ提出する村絵図には、溜池としか書けなかったのだろう。一般に隼人池と呼ばれるようになったのは、おそらく明治以降ではないのだろうか。

上から下へ、稲作のための水

ため池の名前で多いのが**上池**、**下池**、**雨池**、**新池**、**古池**である。上池、下池の名前がついているため池は二つで一組になっている場合が多い。

二つの池を組にするのは、水を無駄なく溜めるという意味もあるが、稲作では水温が稲の生育に大きく関係するため、水温調整のためということが大きな理由だ。つまり上池に入った水温の低い谷の水をいったん下池に入れ、水温調整してから田圃に引くのである。こうしたため池の名前は山からの湧水を集める谷の出口につくられている場合に多く見られる。

こうした二つをペアにした場合、同じ谷の上流と下流につくられ、上池を古池、下池を雨池や新池の名で呼んでいる場合もある。

瑞穂区にあった**鼎池**《かなえ》も**新雨池**と二つでペアとなっているが、この場合は谷の入り口ではなく、川の流れに沿ってつくられている。鼎というのは三本の脚の付いた金属製の器で、池の形状からつけられた名前だと思われる。名前の付け方から見ると、鼎池と新雨池は、もとは一つの池で鼎池と呼んでいたが、その後、脚の部分と容器にあたる部分の間に堰堤を築き、容器部分を新雨池と呼んだようだ。

雨水は大切な水源

雨池と呼ばれるため池も多い。字句通りに解釈をすれば、雨水を溜めた池ということになる。ただ、江戸時代に書かれた『尾張徇行記』などには、その村にあるため池を総称して雨池と表記している。現代でも研究者などがため池について書いた文章ではため池を雨池と表現しているものが多い。雨池はため池の別称だ。

同じ池であっても雨池あるいは**天池**と表記される池もある。天は「あめ」とも読む。天池も天水《てんすい》（雨）を溜めたという意味だと思われる。

また**荒池**という名前の池もよく見かける。川や海であれば荒れることもある。荒々しい波の打ち寄せる磯辺を荒磯、暴れる川ならば荒川と名づけられても不思議ではない。しかし荒れるようなため池などあるのだろうか。

新池は文字通り新しい池という意味の新（あら）が荒（あら）の字に置き換えられたとか、雨（あま）池が訛って新（あら）池になり、さらに荒の文字が当てはめられたということも考えられる。いずれにせよ雨池、天池、新池、荒池はため池を指し、新雨池は新しくつくられた雨池ということだ。

ため池を雨池と表現しているからといって、ため池はすべて雨水だけに頼っているわけではない。東山、八事など、名古屋東部にあったため池は谷の入り口につくられている。そこには小さな沢があり、そうした沢の水や山からの湧水が主な水源であった。

千種区の**鏡ケ池**、東山公園の**上池**、**猫ケ洞池**、昭和区の**隼人池**などは、池へ流入する川がわかりにくくなっているため、いずれも川をふさぎ止めてつくられた池といった雰囲気はあまり感じられない。しかし、明治の地図を見ると、これらの池がつくられているのは谷の入り口であったことがよくわかる。そこには川というより小川と呼ぶのにふさわしい細流があったのだろう。こうした細流も雨が降った後は背後の山からの水を大量に集めることができた。

それぞれ適した池の形

一方、昭和区の御器所や中区などには東山や八事のような山はない。雨水を直接溜めるか、湧水に頼るということになるが、ここで大きな役割を持っていたのが**猫ケ洞池**だ。『尾張徇行記』によると猫ケ洞池は「伊勝、丸山、古井、川名、御器所、前津小林、古渡、末森」の立合とあり、共同で管理していたようだ。つまり、現在の千種区、中区、昭和区にあった田畑に水を供給する役割も備えていたことがわかる。これらの村々へ水を供給するため、途中にあったいくつかのため池を水路でつないでいた。

山の縁にあったため池は二つで一組になっている場合が多いが、御器所、前津小林のため池は二つ一組にはなっていない。水路を通して池に流れ込むまでに、適度な水温になっていたからだろう。また、谷の入り口などにつくられたため池は流れの下流側を塞き止めてつくられる。そのため、池の形はどちらかといえば細長く、三角形に近い形のものが多かった。

単独でつくられている場合は細長い池や三角形の池は見られない。**今池**（馬池）や昭和区にあった**広見池**などは流れを塞《せ》き止めたのではなく、地面を掘り、その周りを堰堤で囲み水を引き入れた。池の形も、どちらかといえば円形に近いものが多く、水深も浅いものが多かったようだ。

第四章　繁華街・今池を流れていた何本もの川

「名古屋現勢地図 付近名勝写真案内」（明治 42 年頃）

今池へと導かれた猫ケ洞池の水

千種区の今池は名古屋を代表する庶民の町として親しまれ、様々な飲食店や娯楽施設が集まり、多くの人で賑わいを見せている。今池がいまのように発展したのは主に戦後のことである。だが、この町が繁華街となる以前、どんな風景をしていたのか知る人は、もうほとんどいない。

今池が発展の兆しを見せ始めるのは明治の終わりからである。名古屋の路面電車は明治31年（1898）に笹島—栄町間が開業したのに始まり、明治35年（1902）の中央線千種駅の開業に伴い千種駅まで延伸、さらに明治37年（1904）に創建された日泰寺への参詣客輸送を目的に、明治44年（1911）には覚王山まで繋がった。

広小路通の今池と池下の間は仲田本通《なかたほんどおり》と呼ばれている。仲田本通のほぼ真ん中にある仲田交差点を北へ向かうと、ユリの花で有名な千種公園に出る。ここに大正8年（1919）につくられた名古屋陸軍造兵廠《ぞうへいしょう》千種製造所があった。さらに関連する工場がつくられ、これにより工場で働く多くの人が集まるようになった。

とはいえ、大正12年の地図では、未だ人家などの建造物よりも田畑の占める割合の方が高かった。昭和8年の地図を見ると、ようやく今池から池下にかけての地域から田畑は見られなくなっている。

今池の繁華街

かつて今池一帯は古井村という農村で、明治時代になっても、ガスビルや郵便局、地下鉄今池駅のある今池交差点を中心とした一帯は田畑や荒れ地の広がる場所であった。古井村の集落は今池中学校（今池3丁目）の西側にあった。江戸時代の初期、ここから今池の交差点を経て仲田方面にかけては馬の飼料を栽培する畑が多く、当時は今池新田とか馬方新田と呼ばれて

いた。

今池の新田開発

江戸時代中期から後期へかけての天明（1781〜1788）の頃になり、藩へ納める租税が上がり、増税分を補うため新田開発の必要性に迫られた。そこで元々卑湿《ひしつ》であった場所を開墾することになり天明6年（1786）、鍋屋上野村に**鉄砲坂《てっぽうざか》池**がつくられた。さらに地下鉄池下駅のところにもとからあった**蝮《まむし》池**の堤を嵩上げし、より多くの水を溜められるようにして、それまで荒地であった場所も畑や水田になっていった。

さらなる新田開発のため、享和元年（1801）に猫ケ洞用水を分水し、今池方面へ流すことになった。まず廃池となっていた**源蔵池**（東山公園のボート池）を整備し直して水量を確保し、猫ケ洞用水を末森城址の麓あたりで二本に分けた。

二本に分かれ平行するように流れていた猫ケ洞用水は丸山村にあった**桃巌寺池**のあたりで、それぞれ南と西に向きを変えた。元からあった南への流れは川名村、御器所村方面へと流れ**古川**と呼ばれ、西への流れは丸山村の南側を回り込むようにして今池方面へと流れ**新川**と呼ばれた。新川として開削された用水の総延長は約3・6キロメートルになった。

用水を引くとはいっても、たんに地面を掘って水を流すだけではない。土地が低い場所では地表よりも1メートルほど高い所を流れるようにしなければならない。そこで盛井桁《もりいげた》がつくられたという。盛井桁とは土を盛るか木を井桁に組み、その上に水路を設けて水が流れるようにしたものだと思われる。

ところで鉄砲坂池と蝮池、どちらも恐ろしそうな名前の池である。鉄砲坂というのは、池がつくられた場

蝮池の東の端にあたる場所にある蝮ケ池龍神社・辨天社（蝮ケ池八幡宮）

所の地名で、現在の高見《たかみ》小学校（千種区高見町）のあたりになる。池の大きさは縦横約90メートル。このあたりは人家もない原野で、東側が山になっていた。ここを尾張藩は鉄砲の射撃練習場としていたため、鉄砲坂と呼ばれ、そこに池をつくり鉄砲坂池と呼ばれるようになった。

蝮池はいつつくられたのか定かではないが、江戸時代の初期かそれ以前からあったのではないかといわれている。堰堤は地下鉄池下駅の改札口のあたりにつくられていた。池の大きさは横約１０９メートル、縦約３２７メートル、このあたりから覚王山へかけては山になっている。その山の西側の谷の入り口を堰き止めてつくられていたので、東西に細長い池であった。

ただし、江戸時代に堤を嵩上げしているので、最初に池がつくられた頃は、もっと小さな池であった。この池にはマムシがたくさんいたので蝮池と呼ばれるようになったといわれるが定かではない。ただ、今でこそ地下鉄池下駅を中心にたくさんの商店などが建ち並んでいるが、かつてはマムシがたくさん棲んでいても不思議ではない雰囲気であった。

光明寺

猫ケ洞池の水で新たに開発された新田の一つに安田新田（千種区安田通のあたり）があった。

椙山女学園から直線距離で南西へ８００メートルほどのところにある光明寺（千種区南明町２丁目）境内に「鈴木安太夫重政の碑」がある。この碑はもともと千種区城木町にあった安田塚の上に建てられていたが、昭和20年代に光明寺境内に移された。名古屋城築城の際、用材としてこのあたりの松や杉を伐りだし、跡地を田畑に開墾した勘定方役人の鈴木安太夫重政の名前から、この地が安田と呼ばれるようになり、現在の安田通の名前の由来となった。

なお安田通の北側の名古屋高速春岡料金所のあたりの城木町は、城の用材を切り出したことから昭和になって付けられた町名である。猫ケ洞用水は安田新田

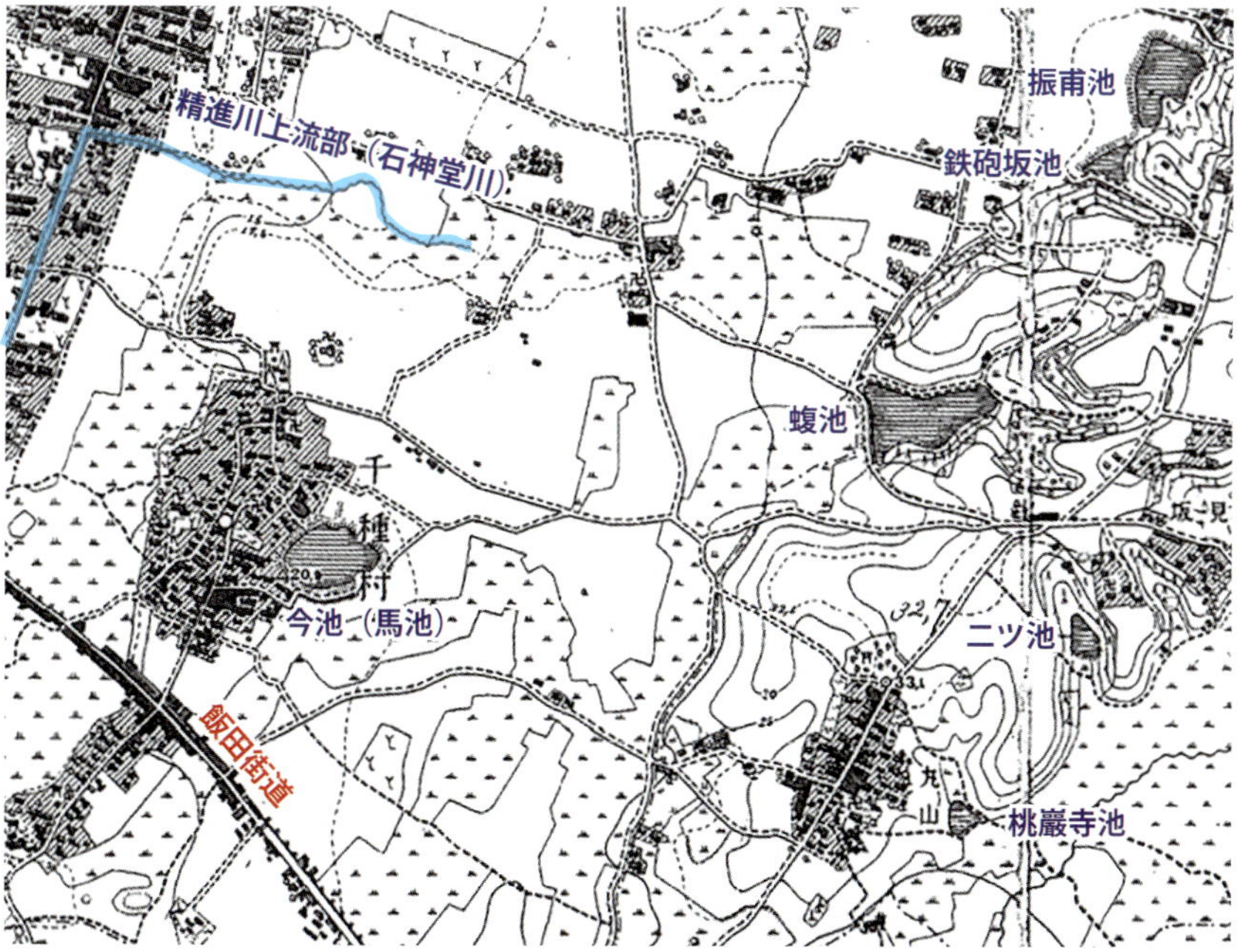

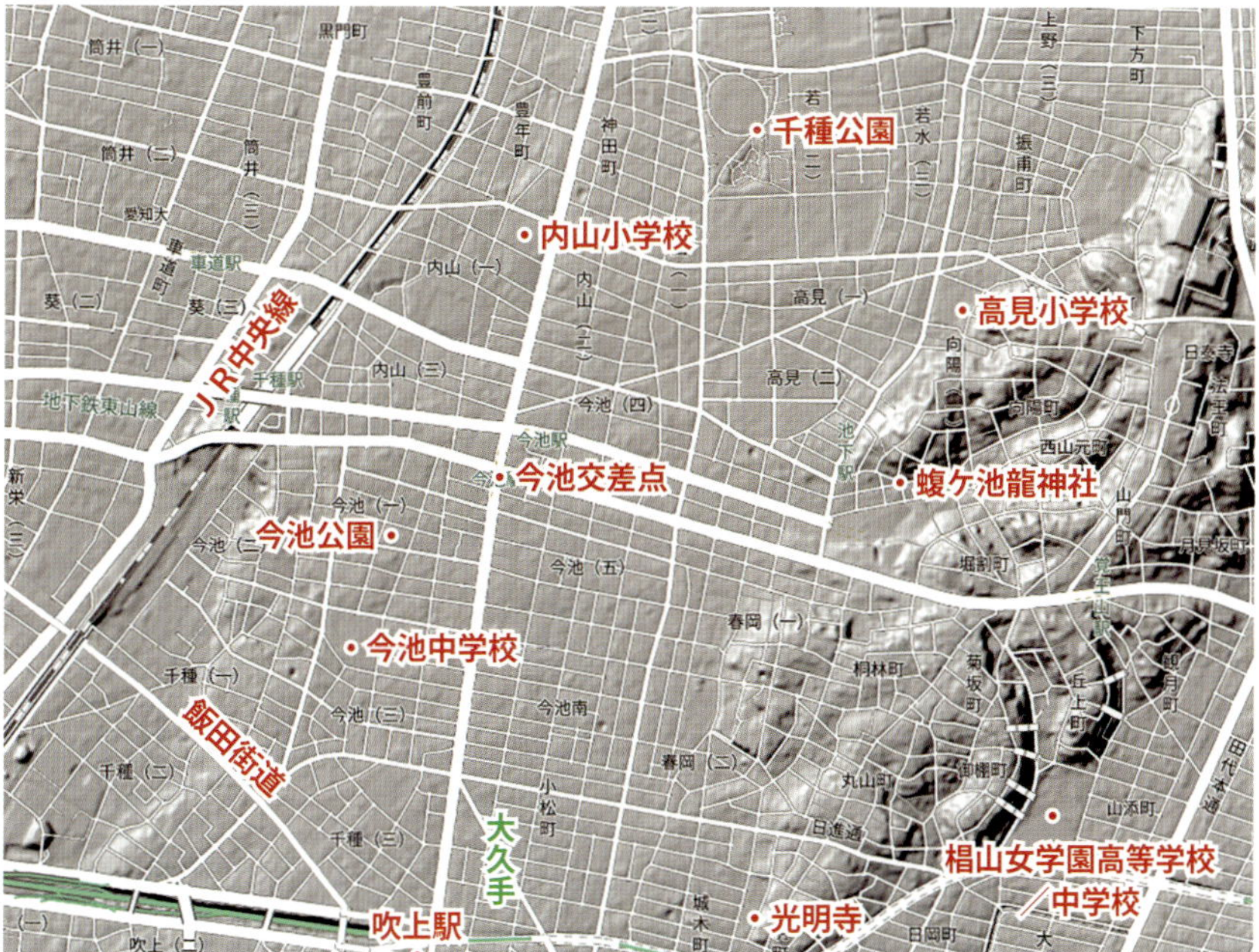

明治 24 年当時、現在の今池交差点のあたりは荒地や田畑であった。精進川上流部の流路は現在の桜通（上：明治 24 年・2 万分の 1：国土地理院、下：地理院地図 Vector を加工して作成）

鈴木安太夫重政の碑

を開発し、さらに幾筋もの水路となって千種区西部の田畑に引かれた。

意外なところを流れていた多くの用水

鉄砲坂池、蝮池、さらに猫ケ洞用水からの分水で、今池方面の開墾は進んだ。現在は繁華街となっている地域や住宅が建ち並ぶ場所にも、水路が引かれていた。今池公園や公園の西にある善久寺、今池中学の近くにある芳珠寺の前にも水路があった。芳珠寺の境内には、現在よりも100メートルほど南にあった山門の前を流れていた用水に架かっていたとされる石橋が

芳珠寺境内の石橋。山門の前を流れる用水に架けられていたという

移されている。芳珠寺は戦国時代に那古野城の城主、今川氏豊の家臣、小出山城守の城があったと伝えられている。

古井村に入った猫ケ洞用水はたくさんに枝分かれし、それぞれ**北裏用水**、**赤塚用水**、**猫ケ洞用水溝**、**猫ケ洞溝**、**山田溝**といった名前が付けられていた。北裏や赤塚は昔の地名（小字名）である。かつて今池と大久手の間には路面電車の赤塚という停留場があった。

北裏用水は大久手方面から名古屋環状線の東側のあたりを1・5メートルほどの幅で北へ流れ、蝮池からの用水と合わさった。猫ケ洞用水溝は丸山村方面から新栄方面へ流れる幅約1・5メートルの用水であった。赤塚用水も猫ケ洞池から流れてきた用水で大久手

の近くから地下鉄御器所駅方面へ流れ、幅は約1・8メートルであった。

山田溝は今池方面から南流して**広見《ひろみ》池**（昭和区広池町：向陽高校）へ入る幅約90センチメートルの用水で、広見池の水は地下鉄荒畑駅のすぐ近くにあった龍興寺のほとりの**龍興寺《りゅうこうじ》池**へ導かれ、幅約1・5メートルの**龍興寺溝**を通り**竜ケ《たつが》池**（現・鶴舞公園内の池）へ繋がっていた。竜ケ池から引かれた**竜ケ池溝**は西に流れ、精進川へ入る幅約90センチメートルの用水となっている。

今池は馬の飼料を栽培する畑

池の付く地名は、そこに池があった場所であることが多い。今池にも、かつて池があった。今池交差点の角に馬の親子の銅像があり「馬を水浴びさせた馬池から今池の地名が出来ました」と書いてある。多くの人は、馬池が訛って今池という地名になったと思っているようだ。今池（馬池）があった場所は、今池中学校となっている。今池の近辺にはほかにも池下の**蝮池**、内山小学校のあたりにあったと思われる**松元（本）池**、はっきりした場所はわからないが**蔓藻《つるも》池**などいくつもの池があった。松元池と蔓藻池は寛政の村絵図に載っていないことから、江戸時代中頃までには埋められて新田か畑にされたようである。

今池（馬池）はかなり大きく、『尾張国愛知郡誌』（明治22年）によると、東西180メートル、南北109メートルあり、千種の水田32町8反歩（東京ドーム約7個分）を灌漑していたという。同郡誌は池の名の由来について「徳川氏のために今池新田から駅馬を出し、夏にこの池で馬を水浴びさせたことから、馬池と呼ぶようになった」と書かれている。今池という池の名前の由来はこれでわかるが、馬池が訛って今池という地名になったかどうかは、このことだけではわからない。

ところで「今池新田から駅馬を出し」とあるが、江戸時代初期、今池新田と呼ばれていたあたりは田畑や荒蕪地で馬方新田とも呼ばれ、馬の飼料がつくられていた。栽培された飼料は、名古屋城下の伝馬《てんま》の餌にするためである。

自動車や列車のない時代に、馬は重要な交通手段であった。ただ、遠くの目的地へ人や荷物、手紙などを運ぶのに、一頭の馬だけを使うのではなく、宿駅《しゅくえき》（宿場）ごとに馬を常備して、そこで馬を乗り継ぎながら目的地へ向かった。これを伝馬といった。名古屋城下に東海道や中山道は通っていなかったが、中山道につながる美濃街道や、東海道が通る熱田につながる街道があり、城下に伝馬問屋が置かれた。その伝馬１００頭の飼料を街中で栽培できるような土地はない。そこで今池の馬方新田（今池新田）で飼料を栽培していた。

馬方新田と呼ばれていた一帯が開拓されたのは江戸時代初期で、そのほかには利益のうすい作物がつくられていた。その後猫ケ洞用水が引かれることによって畑の多かった今池新田は徐々に水田の割合が増えていったが、それでもこのあたりの土地の多くで新田開発が進んだわけではなかった。

水田化が進んだのは、江戸時代後期になってからのようだ。もちろん古くからあった今池（馬池）の水を利用して田畑を耕してはいたが、江戸時代後期まで猫ケ洞用水の恩恵はそれほど多く受けることはなかったと思われる。

今池と馬池

ところで明治43年（１９１０）年に現在の鶴舞公園で国内博覧会ともいうべき関西府県連合共進会が開かれた。それを記念してつくられた「名古屋現勢地図付近名勝写真案内」（名古屋新聞社編集局編集）や明治24年（１８９１）頃につくられた「中央鉄道線路名古屋瀬戸間予定実測図」を見ると、池の名称は「今池」ではなく「馬池」となっている。ただし、池の名称としての今池も江戸時代から使われている。さらに馬方新田は江戸時代の初期から、今池新田とも呼ばれていた。

今池と馬池の名が併用されてきたことから考えると、馬池が訛って地名としての今池になったということは考えにくい。ちなみに瑞穂区にも「今池」という名前のため池があった。こちらの名前の由来もわかっていない。

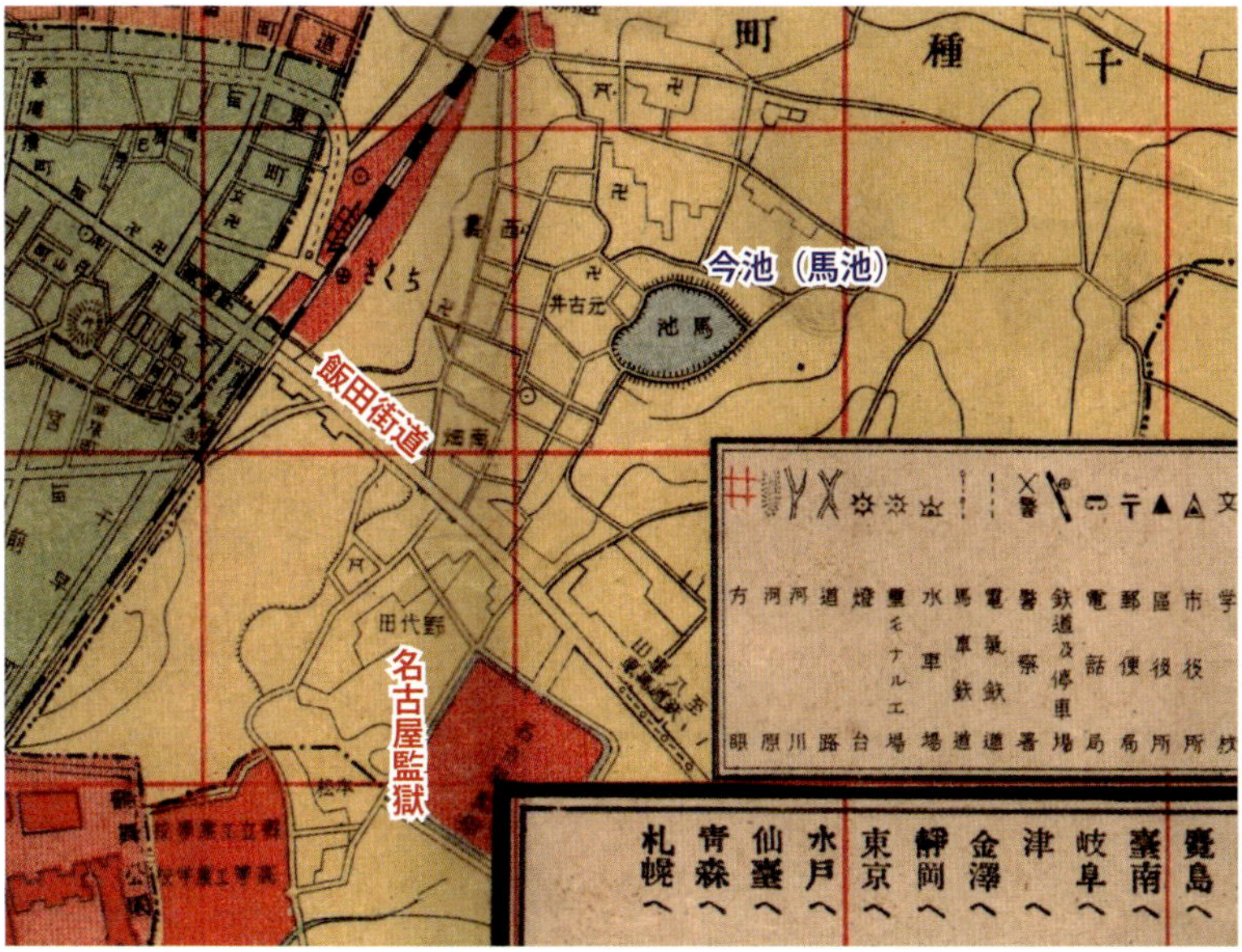

今池ではなく馬池と表記されている。名古屋監獄右側の飯田街道に馬車鉄道の路線がある。
明治 42 年頃作成「名古屋現勢地図 付近名勝写真案内」（名古屋新聞社編集局編集）

今池（馬池）のあたりには「馬」のつく名前の場所が多い。今池の堤防沿いに「馬道」といわれる道があった。現在の中区上前津方面から今池（馬池）の縁を通り、末森方面へ行く道で、多くの人馬が往来していたという。江戸時代後期につくられた村絵図には今池（馬池）のあった場所あたりから今池交差点の先あたりまでを「伝馬新田」と記している。

さらに馬の名前と関係ありそうなものとして、「馬《ま》走《はしり》塚」が吹上公園の中にあった。『尾張名所図会』には「昔、古井村の南に古井太郎という者がいた。ある時、近隣の村から援軍を頼まれたが、臆病者であったため、塚をつくり始め、兵を出さない口実づくりとした」とある。古井太郎は塚と居宅との間を忙しそうに馬を走らせていたことから、その塚は馬走塚と呼ばれるようになった。この塚は江戸時代にはすでになくなったとされている。

今池（馬池）ではフナやウナギが獲れ、地元では美味だとされていたという。今池（馬池）は大正時代の終わりに耕地整理事業のため、埋め立てられた。

覚王山の下に掘られた謎のトンネル

江戸時代に猫ケ洞池がつくられ、今池周辺にも猫ケ洞池の水が引かれるようになると、徐々に水田化が進んでいった。ただ、猫ケ洞池の水が使えるようになったといっても、江戸時代の後期になってようやく新田開発が可能になった地域もある。

昭和37年（1962）、地下鉄東山線の工事現場で、江戸時代の用水路の遺構が発見された。当時、報道された新聞記事は次のように報じている。

「千種区池下から東山公園への地下鉄工事現場である覚王山電停（＊地下鉄が開通する前に走っていた路面電車の停留所）北約十五メートル（千種区堀割町1丁目地内）の地下約十五メートルに丸太と板で造った水路の跡らしいものを工事人夫がこのほど見つけた。完全に土砂で埋まっていたが、直径約十センチの丸太を幅六十センチ、九十センチ、高さ百三十センチほどのテイ（悌）形に組み、厚さ約三センチの松材で囲ってあった」（中部日本新聞：昭和37年3月20日）

この記事によると、約130年前に尾張藩主の命により名古屋新田頭の兼松源蔵がつくった用水路の遺構だという。「猫ケ洞池」からの水を池下方面へ流すため、覚王山の下に掘ったトンネルだ。ただ、トンネルの両側から掘り進めたが測量が不十分であったため、覚王山の下あたりで上下が食い違い、中止になったという。記事では水路の跡らしいものが見つかった場所は堀割町と書いてある。堀割町は水路をつくったところからつけられた町名のようだ。

『千種区誌』にも同じようなことが書かれているが、区誌によると、明治初年にもう一人の名古屋新田頭であった小塚家の音頭によって、猫ケ洞用水と姫ケ池用水を池下にあった蝮池に導くため、当時としては画期的な工事を開始したが測量の誤りで工事を中止した、と簡単に書いてあるだけだ。二つの記事で大きく異なるのはトンネル工事が行われた時期だ。新聞記事の「約130年前」といえば天保3年（1832）前後となる。区誌では明治初年（1868）となっている。

どちらの時期が正しいのだろうか。実は天保14年

（1843）に新たな新田を開発するため**振甫**《しんぽ》**池**が鉄砲坂池の北につくられている（79頁地図）。トンネル工事が天保時代の初期に行われたが失敗したため、新たに振甫池をつくったということではないだろうか。明治初年という記述は疑問である。

振甫池は江戸時代前期、初代藩主徳川義直に請われて庶民の医療活動を行った張振甫《ちょうしんぽ》の茶室があった鍋屋《なべや》上野《うえの》村（現・千種区）につくられた池で、現在もこのあたりの町名は振甫町である。なお、振甫池は昭和4年（1929）に埋め立てられ、跡地に振甫プール、千種社会教育センターなどがつくられた。

今池の水源

今池（馬池）は面積が広く、水深は浅かった。このあたりに川はないため、川をふさいで止めてつくられた池でないことは、丸い形からも想像できる。猫ケ洞池と猫ケ洞用水がつくられたのは寛文年間（1661～1672）。今池方面へも猫ケ洞用水を通して猫ケ洞池の水が送られていたようだが、当初から今池（馬池）へ水が供給されていたかどうかは明確ではない。

おそらく今池（馬池）は大久手あたりの湧水などを集めてできた池で、猫ケ洞用水の水を引き入れるために周囲を土手で囲い、人為的に大きくしたのではないかと思われる。土手の上では草競馬なども催されていた。

大久手の「久手《くて》」というのは湿地を表す言葉で、愛知県の長久手市、名古屋市北区の北久手町、千種区の大久手、岐阜県瑞浪市にある中山道の細久手宿や大湫宿（大久手宿）など久手と付く自治体や地名が多い。久手ではなく湫という字が使われていることもあるが、どちらも「くて」と読み、意味は同じである。地名から千種区の大久手は湿地であったことがわかる。

名古屋環状線や安田通には昭和40年代まで路面電車が走っていた。環状線と安田通が交わるところが大久手で、路面電車はここで南の桜山や新瑞橋方面へ向かう路線と、八事へ向かう路線に分かれていた。

今池（馬池）の水は芳珠寺の山門の前や村の集落近くを流れ、古井村の西部、南部の水田地域に流れていた。

飯田街道沿いにあった名古屋監獄（名古屋刑務所）。現在は吹上公園と吹上ホールがつくられている。吹上の文字のところに見える線路は尾張電気軌道。大久手を通り、八事へ向かっていた（大正9年：2万5000分の1、国土地理院）

大久手の南に地下鉄吹上駅があり、駅の西には吹上公園と名古屋市中小企業振興会館（吹上ホール）がある。明治時代にはここから千早交差点あたりにかけての１００メートル道路（若宮大通）や鶴舞公園方面に、小さな池が何十個もあった。これらの池はため池としてつくられたというよりは、湿地にできた自然の池であったようだ。江戸時代の後期にこの地へ移り住んだ名古屋新田の地主でもあった小塚家が、この地で紙漉《かみすき》業を営んでいたというから、このあたりは湧水に恵まれていたことがわかる。

なお、吹上ホールや吹上公園のある場所にはかつて名古屋監獄があった。明治30年（１８９７）に、現在の中川区松重町付近にあった愛知監獄が移転してきたもので、大正時代に名古屋刑務所と名称を変え、昭和40年（１９６５）に１００メートル道路（若宮大通）の建設に伴い、みよし市へ移転した。

吹上公園と名古屋市中小企業振興会館（吹上ホール）。昭和40年まで、ここに名古屋刑務所があった

桜通を流れていた川

明治24年の地図（79頁、90頁）に地下鉄車道駅のあたりから内山交差点へかけて川が描かれている。そこから先に川は記されていないが、そのまま東へ辿ると蝮池に至る。車道のあたりから内山交差点までの川の位置は現在の桜通とほぼ一致している。この川は、**精**

進川の支流の一つで、車道のところでほぼ直角に南へ向きを変え、丸田町交差点の付近で東区方面から流れてきた川と合流していた。さらに下流へ辿ると瑞穂区のあたりで新堀川の河道近くを流れている。

精進川は新堀川が改修される前に流れていた川であり、蝮池はその水源の一つであったことがわかる。明治17年につくられた地籍図には、この流れを**石神堂川**《いしがみどう》としている。

内山交差点から石神堂川に沿って桜通を西へ進むと、JR中央線千種駅の北側に出る。桜通はここから少し緩い下りとなる。JR中央線を越えると物部《もののべ》神社の前に出る。このあたりの風景が『尾張名陽図会』に描かれている。

物部神社は石神堂とも呼ばれていた。図会には物部神社の前を右から左へと流れている川に沿って道が描かれ、馬を曳いた人物が坂道を下っている。この川の

物部神社と桜通。ここを精進川の支流が流れていた

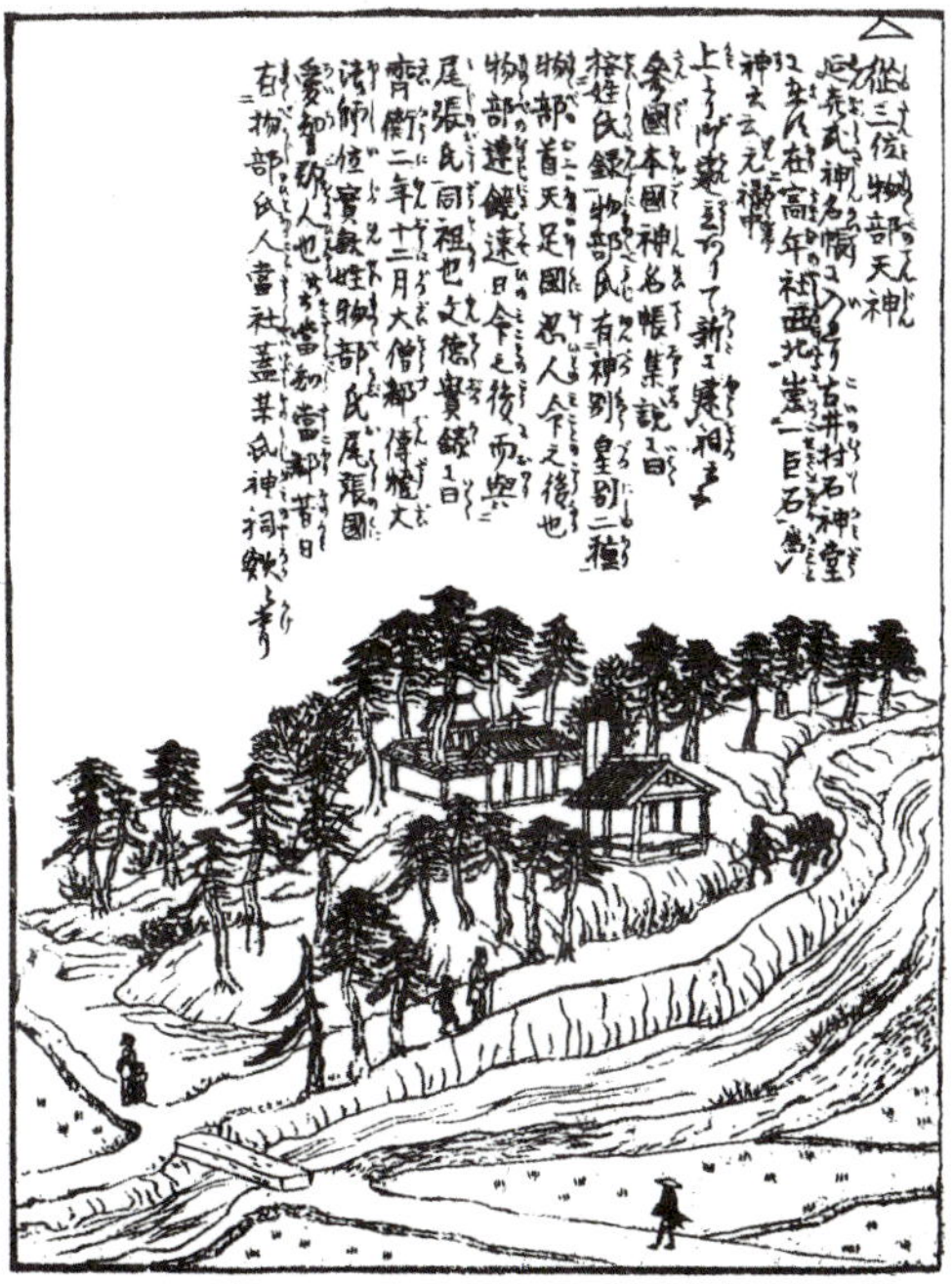
「物部天神」『尾張名陽図会』。石神堂（物部神社）の前を流れる石神堂川。絵の右手がＪＲ中央線千種駅の北、左が地下鉄車道駅にあたる

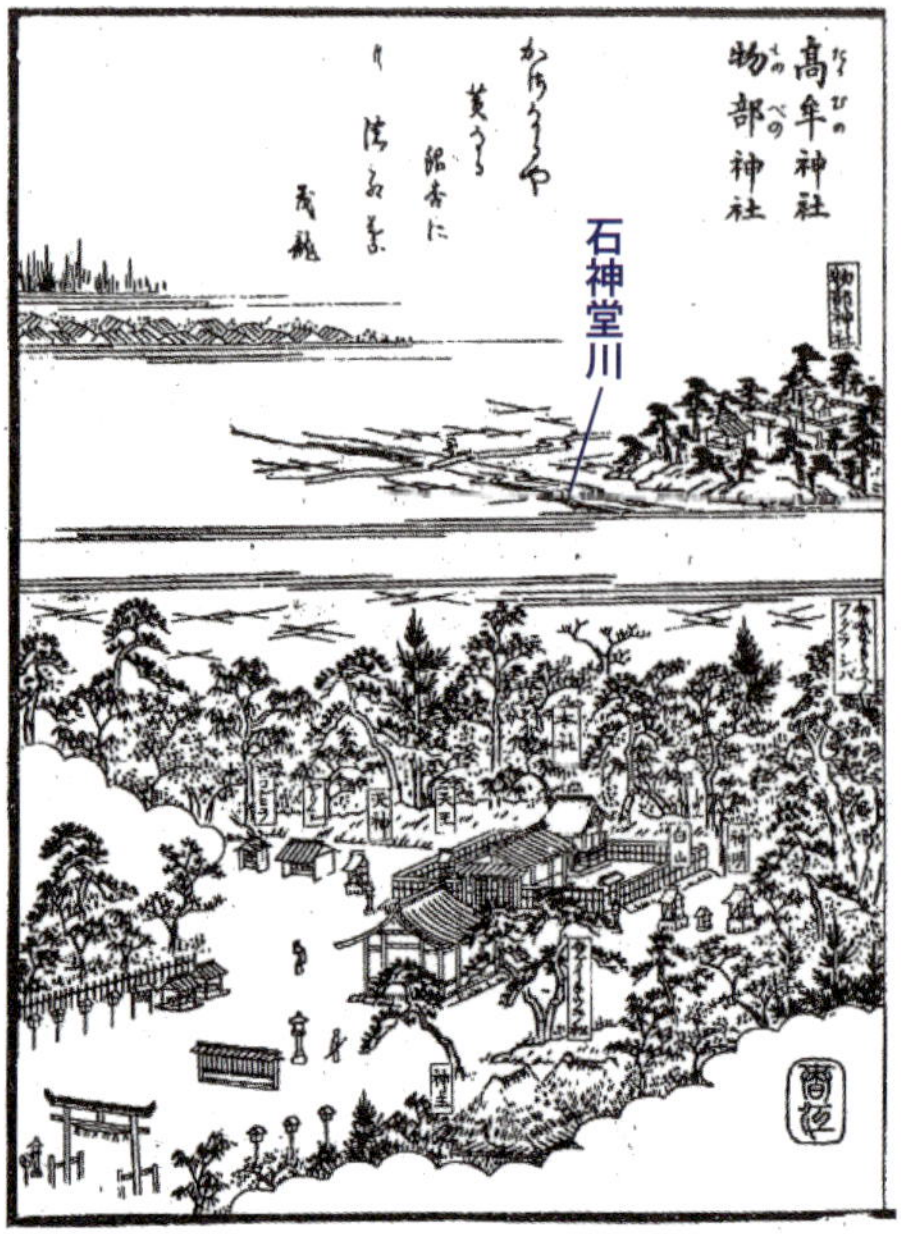

ビルに囲まれた高牟神社（写真提供：ワインプラザマルマタ）

「高牟神社　物部神社」『尾張名所図会』前篇巻五。手前が高牟神社、右奥に物部神社（石神堂）とその前を流れる石神堂川が見える。高牟神社のすぐ後ろが現在の広小路通。下の『尾張名陽図会』は、石神堂をこの写真の左方面から見ている

流れている場所が、現在の桜通だ。橋には石の小橋が架かかっている。

『尾張名陽図会』にはこのほか広小路通のあたりから今池方面を臨んだ絵が描かれている。少し高台となっている場所に古井《こい》村の集落があり、左から高牟《たかむ》社、光正院《こうしょう》、善久寺《ぜんきゅう》、光専寺《こうせん》、芳珠寺《ほうじゅ》の文字が見える。

いずれも古くからある寺で、光専寺は加藤清正の弟加藤兵部少輔祐正が文禄2年（1593）に創建したと伝えられる。古井村の中で一番古いとされるのは光正院で創建は永正年中（1504～1521）、戦国時代に芳珠寺が荒廃し、地蔵堂だけとなったのを光正院が塔頭《たっちゅう》とした。善久寺も天正19年（1591）に光正院の塔頭として創建されたのが始まりと伝えられている。いずれの寺も、昔と同じ場所に存在している。

この台地はそのまま御器所方面へと続いている。台地の西の麓（台地と田畑の境）のあたりを、いまJR中央線が走っている。絵の右側に描かれている広い道は飯田街道だ。明治の終わり頃、吹上から飯田街道を通り八事までの間を馬車鉄道が走っていた。

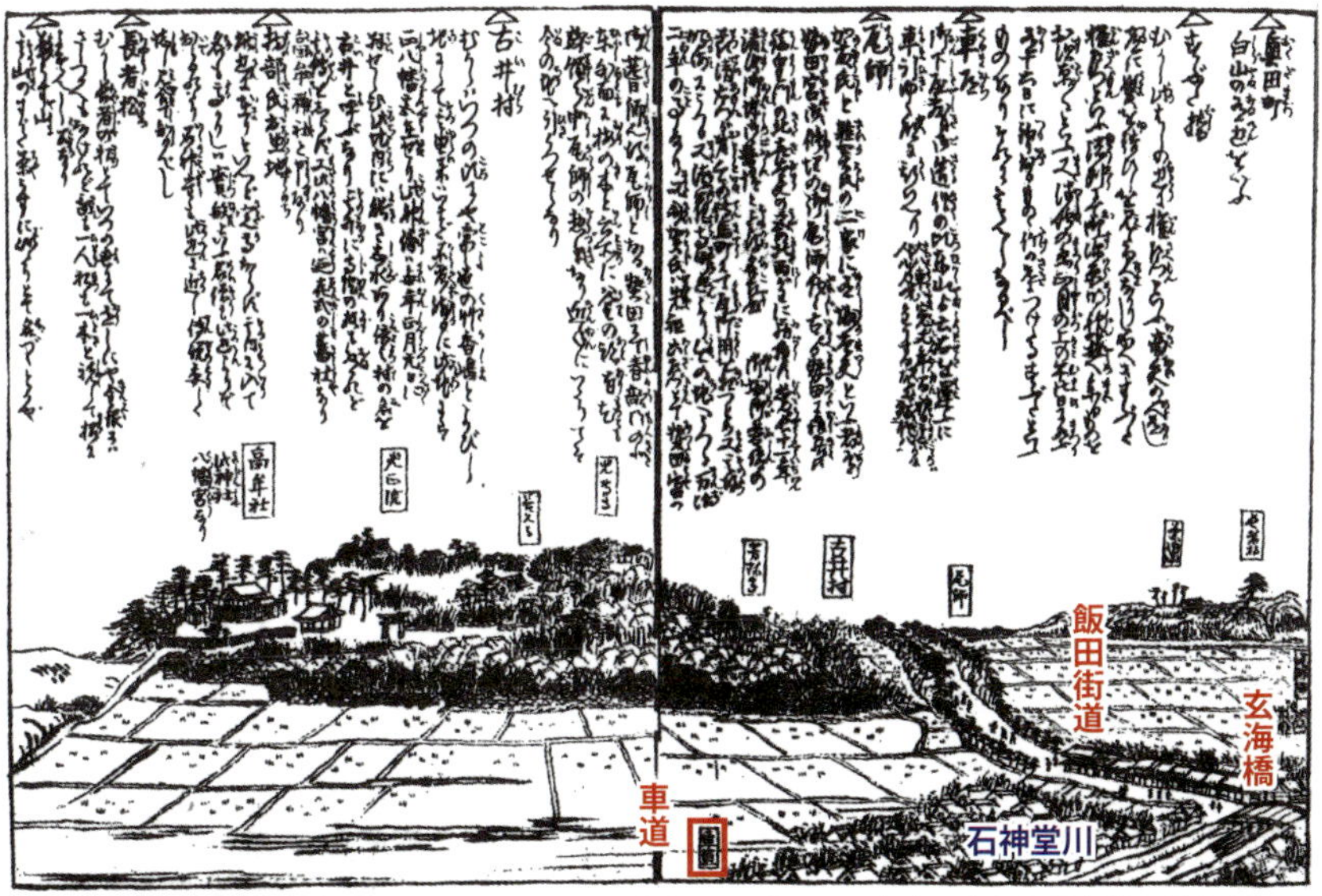

丘の上の集落は現在の今池１丁目から３丁目にあたる。丘の上の文字は右から長者松、茶臼山、瓦師、古井村、芳珠寺、光専寺、善久寺、光正院、高牟社（氏神社、八幡社なり）。右の道は飯田街道。右下の人家が集まっている所は奥田町（新栄３丁目）、右端の川が石神堂川と玄海橋、中央下の文字は車道。（『尾張名陽図会』）

街道を挟んで右奥に茶臼山、長者松とあるのは、現在名古屋工業大学のあたりだ。上り坂となる手前の集落が現在の中区新栄のあたりだ。手前の川に玄海橋が描かれているが、この川は桜通を流れていた石神堂川の下流にあたる。絵の上に奥田町、すぶた橋、車道、瓦師、古井村などの説明文があるが、玄海橋についての説明はない。

古墳の上に建てられている白山社。石神堂川は白山神社の南側を迂回するように流れていた

飯田街道の南に白山社がありその横に円教寺があった。白山社は名古屋城がつくられた時に清須からこの地に移転した。そして別当《べっとう》（宮司の長）であった玄海が、玄海寺（円教寺）を創建した。その玄海が架けたことから玄海橋といわれていた。この橋は長さ5・4メートル、幅は2・7メートルであった。『名古

玄海橋があったと思われる新栄小学南交差点。手前の道が飯田街道

屋市史』（大正5年）では玄海橋を「玄海川」に架かる橋で中区東田町と奥田町（現・中区新栄1丁目）との間にあったと説明している。

すぶた橋は『尾張名陽図会』には描かれていないが、東区にあった尾張藩下屋敷や寺町方面からの水を集めた**流《ながれ》川**に架かる橋で、中区新栄2丁目の広小路葵交差点あたりにあり、長さ3・6メートル、幅2・7メートルであった。玄海橋もすぶた橋も飯田街道に架かかっていたことから、飯田街道の幅も約2・7メートルであったことがわかる。橋の長さは、玄海橋5・4メートル、すぶた橋3・6メートルとあり、石神堂川（玄海川）の方が流川よりも川幅があったことになる。

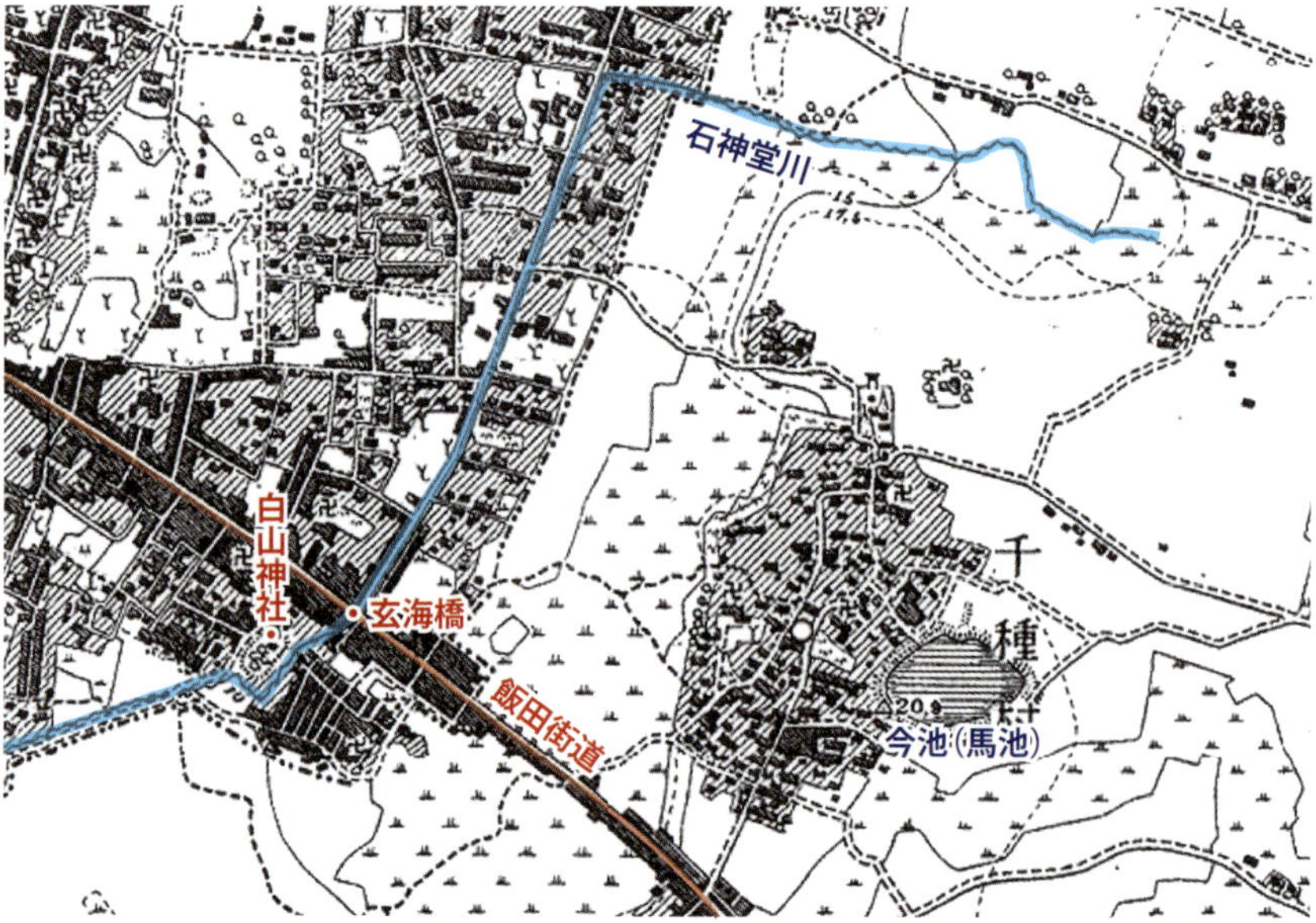

古井村（今池）の中心は今池（馬池）の西にあり、村の南を飯田街道が通り、石神堂川に玄海橋が架かっていた（明治24年・2万分の1：国土地理院）

すぶた橋の名前の由来について『名古屋市史』では「(この橋の近くに住んでいた)権左衛門というものが常に髪を結ばず、年中ずぶた天窓《あたま》であった」ところから橋の名になったという。つまり、年中ボサボサの頭で過ごしていたということだろうか。同市史ではこの橋の名は「流川橋」で、一名を「ズブタ橋」ともいうとしている。すぶた橋も玄海橋も大正3年(1914)に下水道改良工事のため撤廃された。

すぶた橋があったと思われる広小路葵と広小路葵南の交差点。右の道が飯田街道

明治時代に今池畔で起こったある事件

今池(馬池)は大きな池ではあったが、水深はそれほど深くなく、夏には子どもたちにとって、格好の水遊びの場でもあった。しかし、かえって小さな子どもたちが警戒せずに池の中へ入り、事故を起こしてしまうこともあった。今池中学校の南、道を挟んだところに大きなお地蔵様が建っている。明治の末に、今池で遊んでいた子ども8人が溺れ、その霊を慰めるために建てられた。

この事件が起きる約30年前、名古屋東部の村々の人たちを震撼させた、ある事件が起きた。明治14年(1881)11月19日朝、今池畔にあった深さ5センチほどの泥水の中にうつ伏せになった50代半ばの男の惨殺死体が見つかったのだ。喉笛の左右には、強く押さえつけられたのか深い爪痕が残され、顔面には長さ3センチほどの傷をはじめ、いくつかの傷があった。

殺された男は吹上ホールの近くに住んでいた名古屋新田の地主で、新田頭でもあった小塚家の六男で名前

今池中学校と道を挟んで建つ今池地蔵

を鉞助《えつすけ》といった。小塚家については不明な点も多いが、もともと織田信長の重臣で、長久手の戦いの時に豊臣秀吉の軍勢に敗れて落ち延びた。その後、家臣であった小塚の姓を名乗り名古屋城下で紙商を営んでいたという。名字帯刀を許された家柄で、新田頭となり、文化元年（１８０４）吹上に移り住んだ。小塚家は新田開発に積極的に取り組み、かなりの地主であった。

　鉞助は江戸時代後期の文政９年（１８２６）に吹上で生まれ、元治元年（１８６４）、38歳の時、尾張藩に仕え軍事御用の「金穀役」を命ぜられる。しかし明治維新による幕藩体制の崩壊で職を失い、本家から田畑１町歩を譲り受け、自作農となった。

　明治維新によって社会は混乱していた。明治６年（１８７３）に地租改正法が公布され、その頃から藩閥政治を批判し国会開設、憲法制定、不平等条約撤廃、言論や集会の自由、そして地租軽減などを掲げた自由民権運動が盛り上がっていった。

　地租改正によって、それまでの収穫量から税金（年貢）が決められていたのを、土地の価格で決めるようになった。政府の収入は安定することになったが、農民にとっては大幅な増税となり、増税分は小作人にしわ寄せされた。

　明治８年（１８７５）、９年頃から各村々に地租改正に反対する小作人たちによる小作会がつくられていった。小作会は現在の千種区、昭和区、瑞穂区などにあった13カ村の小作人１０００余人が参加し、愛農社と改称され、鉞助がその社長になった。愛農社は今池の善久寺に本社を置いた。鉞助は名古屋新田を所有する大地主の息子である。それが小作人の側に立って地租改正反対の先頭に立ったのである。

お地蔵様の左の細長い石塔が今池の善久寺境内にある小塚鉞助の碑

鉞助たちはたんに地租改正に反対というだけでなく、田畑の収穫量を作物ごとに等級分けをして、原価計算を行い、地主側と何度も交渉を重ねた。それでも交渉は進展せず、明治14年10月になると、事務所に寝泊まりして働いた。

杁中の香積院にある鉞助の碑

11月18日、愛農社本部が突如数十名の警察官に取り囲まれ、本部にいた鉞助ら数名が軟禁状態となった。その夜、愛農社本部は警察官によって徹夜で監視されていたが、鉞助は何者かに連れ出され、翌19日朝、今池（馬池）の土手で惨殺死体となって発見された。この時、鉞助は56歳であった。

事件の真相は闇に葬られた。遺体は杁中（昭和区）の香積院《こうじゃくいん》に埋葬され、明治16年（１８８３）には鉞助の功績をたたえる碑が建てられ、大正7年（１９１８）に香積院で法要が行われた。昭和6年（１９３１）には愛農社本部のあった善久寺で鉞助の追悼供養が営まれ碑も建てられた。こうして義人・小塚鉞助は尾張の「佐倉惣五郎」と呼ばれるようになった。

千種区や昭和区にあった「名古屋」が付く田畑

今池をはじめ、名古屋東部には名古屋新田や名古屋村東畑のように、「名古屋」が付く田畑があった。新田というと、一般的には海岸部分を干拓や埋め立てによって新しくつくられた水田というイメージが強い。

実際、南区や熱田区などでは江戸時代から干拓によって多くの新田がつくられた。南区に残る又兵衛《またべえ》（エ）、源兵衛《げんべえ》、忠治《ちゅうじ》（次）、柴田《しばた》、道徳《どうとく》、戸部下《とべした》、氷室《ひむろ》といった町名などは、かつて開発された新田に付けられていた名前に由来し、もともとは海であった場所だ。

一方、名古屋新田や名古屋村東畑があったのは、古井村、御器所村、川名村など千種区や昭和区などで、もちろん海を干拓した場所ではない。

名古屋新田は江戸時代の初め頃から開発が始まっていた。これらの新田は海岸部で見られるようなまとまった土地の開拓とは異なり、主に荒地を開発した田畑で、耕地面積の広いところもあれば狭いところもあった。複数の村の中に飛び地のように混在していたため、それぞれの村の支配には属さず、これらの新田から税（年貢）を取り立てるなどの管理を行う新田頭がいた。新田頭はその新田の地主が兼務することが多かった。名古屋新田は地主で新田頭も兼ねた兼松家と、分家である小塚家が勤めていた。両家とも城下に住んでいたが江戸時代後期になり、それぞれ城下から今池と吹上に居を移した。

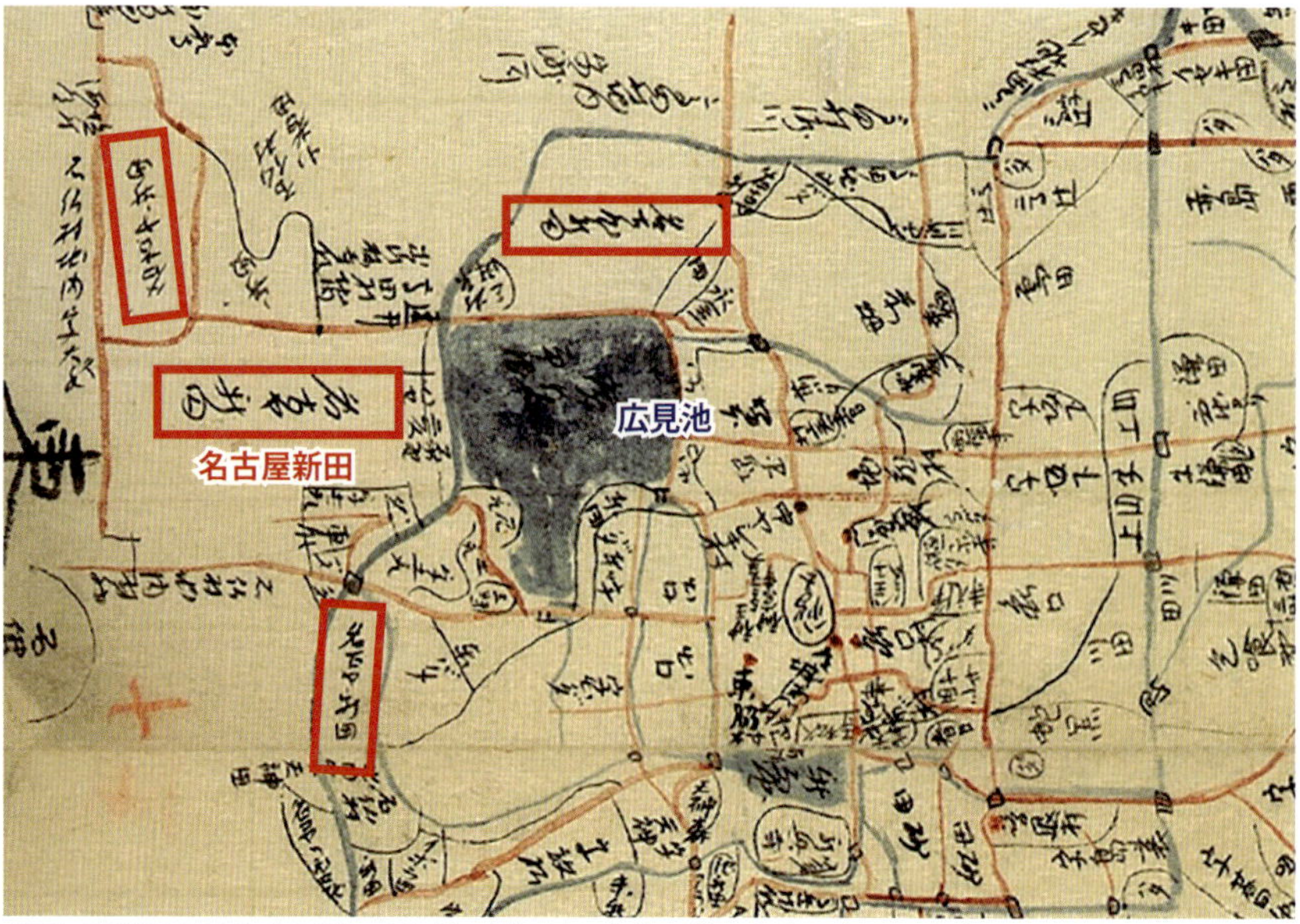

「愛知郡村邑全図 御器所村」（寛政）愛知県図書館所蔵。中央の大きな池が、現在の向陽高校のあたりにあった広見池。村絵図の中に何か所か「名古屋新田」の文字が見える

これに対し、名古屋村東畑の場合は、実際にあった名古屋村の畑というところからきている。ただ名古屋村東畑があったのは江戸時代の御器所村の中で、このあたりに名古屋村という村はなかった。

名古屋城は徳川家康によって名古屋台地の北の端に築かれた城だ。城がつくられた場所には、かつて今川氏の那古野城があった。しかし、家康が築城した名古屋城は今川氏の那古野城に比べ規模が大きく、計画された名古屋城の西や西北にあたるところには名古屋村（那古野村）の集落や田畑があった。

城を築くため、村民の多くは碁盤割の中の益屋《ますや》町（現・中区丸の内2丁目）、作子町《つくりこまち》（現・東区泉、撞木町）などに移転させられた。さらに古井《こい》村（現・千種区）や御器所村（現・昭和区）などに点在していた荒地を開拓し、それらを「名古屋村東畑」として確保した。やがて時代が経つにつれ名古屋村とは関係のない下級武士なども名古屋東部の荒地を開墾し、出作り耕作をする土地が増えていった。こうした田畑が名古屋村東畑と呼ばれるようになった。

江戸時代には、御器所村の中に名古屋村東畑が散在していた。昭和区の地下鉄荒畑駅と御器所駅の間の北に東畑という町名がある。

「沢庵漬」『尾張名所図会』前篇巻五。御器所の沢庵漬けが有名になったのは江戸後期になってから。隣の川名村でもたくさんの大根がつくられていた。御器所台地は水田よりも野菜畑が多かった

精進川流域（江戸後期）

『尾張志』付図「愛知郡」愛知県図書館所蔵

第五章　名古屋台地を潤した湧水と幻の精進川

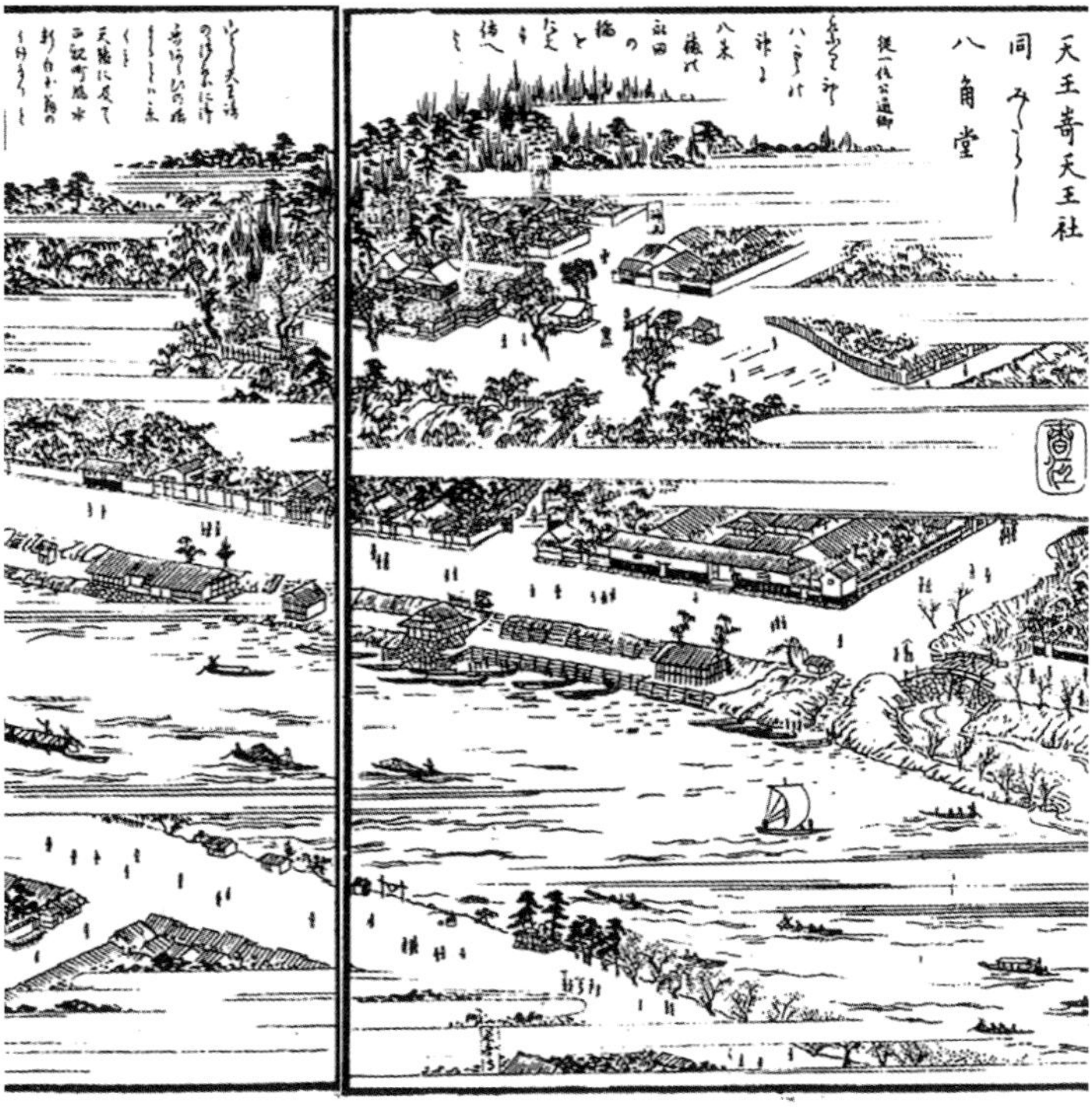

「天王嵜天王社」『尾張名所図会』前篇巻二

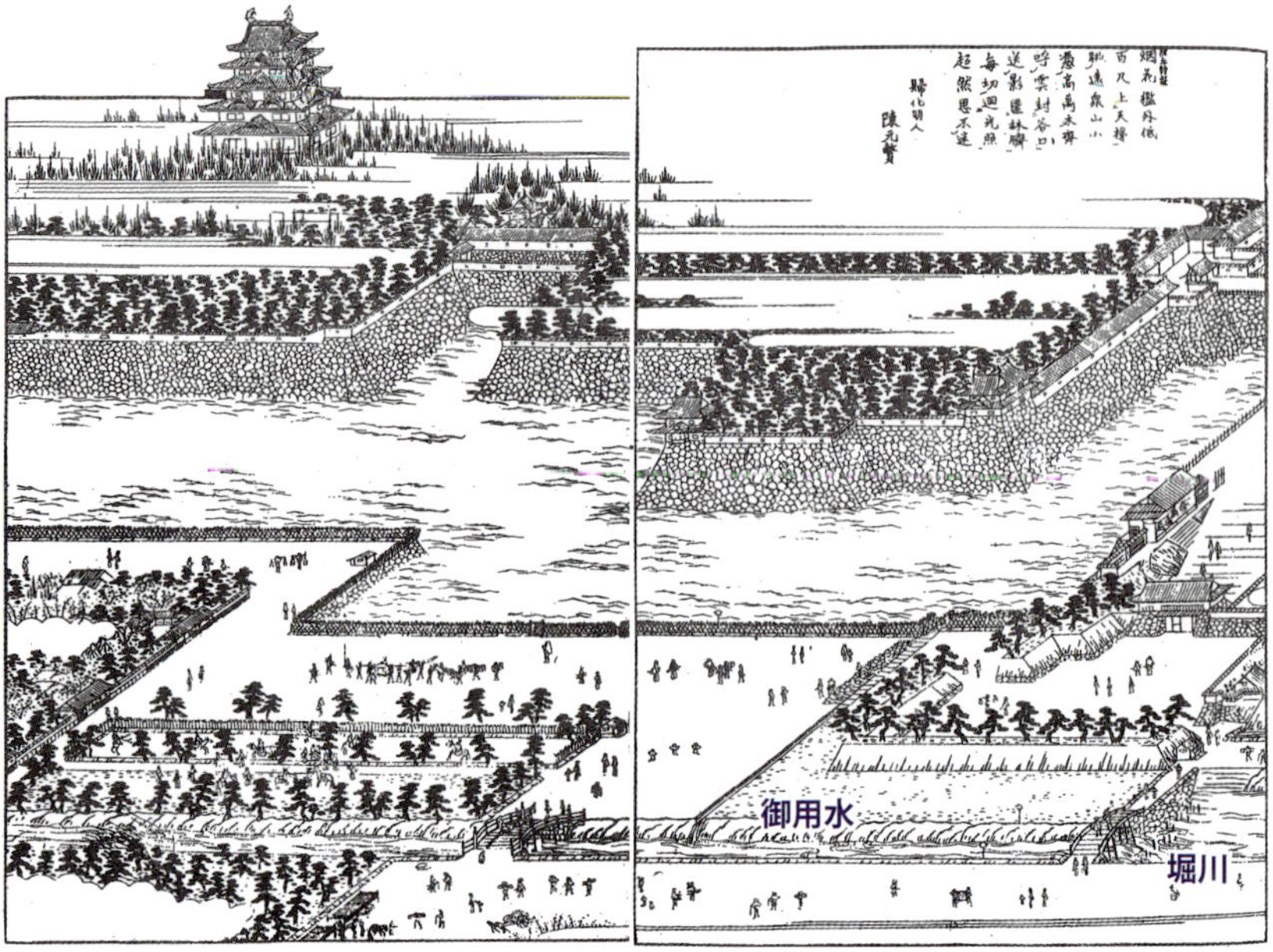

「巾下新馬場より御城を望む図」『尾張名所図会』前篇巻一　右のページ手前の川が堀川。左から細い流れが堀川へ落とされている。ここが朝日橋で堀川の終点であった。流れ込んでいるのは御用水の余水

名古屋台地から湧き出る水

名古屋は坂が少ない街だといわれる。たしかに千種区、昭和区、名東区といった東部地域を除けば平坦な土地が多い。平坦とはいっても名古屋がつくられたのは平野の上ではなく、台地の上であった。

名古屋城は名古屋台地の北端につくられ、城から南は平坦な土地となっている。名古屋城、大曽根、熱田神宮を結んだ逆三角形の地域を名古屋台地と呼ぶが、さらに細かく名古屋台地、熱田台地、御器所台地、瑞穂台地、笠寺台地などに分けて呼ぶこともある。名古屋台地は湧水に恵まれた土地で、台地の上に降った雨は地中に浸み込み、小川をつくり、堀川や精進川へ流れた。

現在、名古屋の中心部を流れる川といえば**堀川**《ほり》、**新**《しん》**堀**《ほり》**川**、**中川**《なかがわ》**運河**しかない。堀川は名古屋城築城の時、建設資材などを運ぶために掘られ、城が完成してからも木曽の材木や米などを運搬する水路として名古屋の発展に重要な役割を果たしてきた。堀川が開削された

庄内川から練兵場（現名城公園）まで直線的に結び、堀川とつなげた黒川。外堀の線路は瀬戸電（現在の名鉄瀬戸線）。地下ではなく、お堀の中を走っていた（大正９年：２万5000分の１、国土地理院）

当時は名古屋城までであったが、明治になって開削された**黒《くろ》川**によっていまは**庄内《しょうない》川**とつながっている。

江戸時代初期に尾張北部の新田を開発する目的で入鹿《いるか》池（犬山市）がつくられた。さらに木曽川から取水して木《こっ》津《つ》用水、新木津用水などがつくられ春日井や小牧方面の新田が開発された。

明治時代になると、尾張北部と名古屋を舟運で結ぶ目的で、庄内川へ至る新木津用水を船が通れる幅に改修し、堀川へつながる水路がつくられた。これが黒川で、名古屋の中心部へ犬山方面から直接様々な物資を運搬できるようになった。黒川は、この計画に尽力した愛知県土木課の黒川治愿《はるよし》技師の名前から付けられた。

河童や大鰻が住んでいた川

名駅は栄とともに名古屋を代表する繁華街だが、名駅が発展するきっかけとなったのは明治20年（1887）に東海道線の「名古屋停車場」が、笹島にできてからだ。当時の笹島はアシが茂る湿地のような場所で、広小路通もそれまで堀川までしかなかったのを、笹島まで延伸した。そんな名駅周辺にも川が流れていた。

「名古屋停車場」『尾張名所図絵』　当時は名古屋停車場と呼ばれ、笹島村（現・名駅南一）につくられた

名古屋西部の灌漑に供されたのは**庄内用水**だ。庄内川から取水し、北区の三階橋のところで矢田川の下をくぐり黒川と庄内用水に分流された。庄内用水は古くは**惣兵衛《そうべえ》川**と呼ばれ、さらにいく筋にも分岐し、**東井筋**（**江川**）、**笈勢《おいせ》川**、**米野井筋**、**中井筋**、**西井筋**などと呼ばれ、中村区、中川区方面へ流れていた。

ただし、取水の位置や流路などは時代によって変化し、江川や笈勢川は農業用水として整備される以前からの自然河川であったといわれている。

これらの川のうち、名古屋駅のすぐ近くを流れていた川が二本あった。そのうちの一本が、かつて名古屋の三大商店街の一つに数えられた円頓寺《えんどうじ》商店街のほぼ

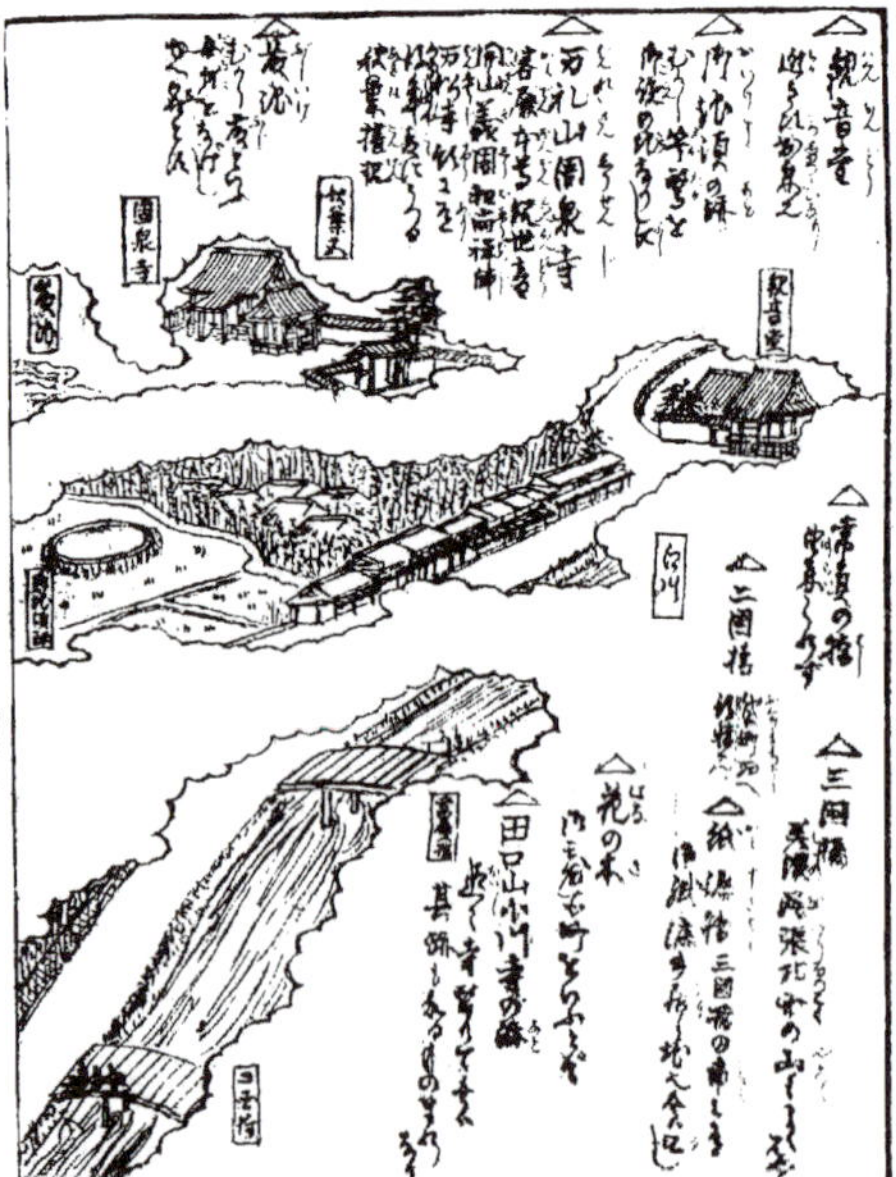
「江川」『尾張名陽図会』。観音堂は地下鉄浄心駅のすぐ東、万礼山周泉寺は西区花の木３丁目にある

中央を横切るように通っている**江《え》川**で、堀川の西を並行するように流れていた。

川はなくなったが、市道「江川線」が通り、その上を都心環状線の高架が走っている。広小路通の柳《やなぎ》橋（中村区名駅南）はかつてここを流れていた江川に架かっていた橋の名前だ。江川の幅は約３・６メートル、水深は約１メートルで、下流で堀川へ放流された。かつて、江川の横を路面電車が走っていた。


江戸時代の城下の地図を見ると堀川に架かる巾下《はばした》橋から北には、江川と現在名城公園となっている方面を結ぶ何本もの小川があった。その中の**前《まえ》川**は西区五《ご》平蔵《へいぞう》町（現・西区城西）の武島天神社前を流れていた。この川はホタルの舞うきれいなせせらぎであったという。

江川のほかにも川があった。名古屋駅のすぐ西に流れていたのが**笈勢《おいせ》川**である。笈勢通は笈勢川が流れて

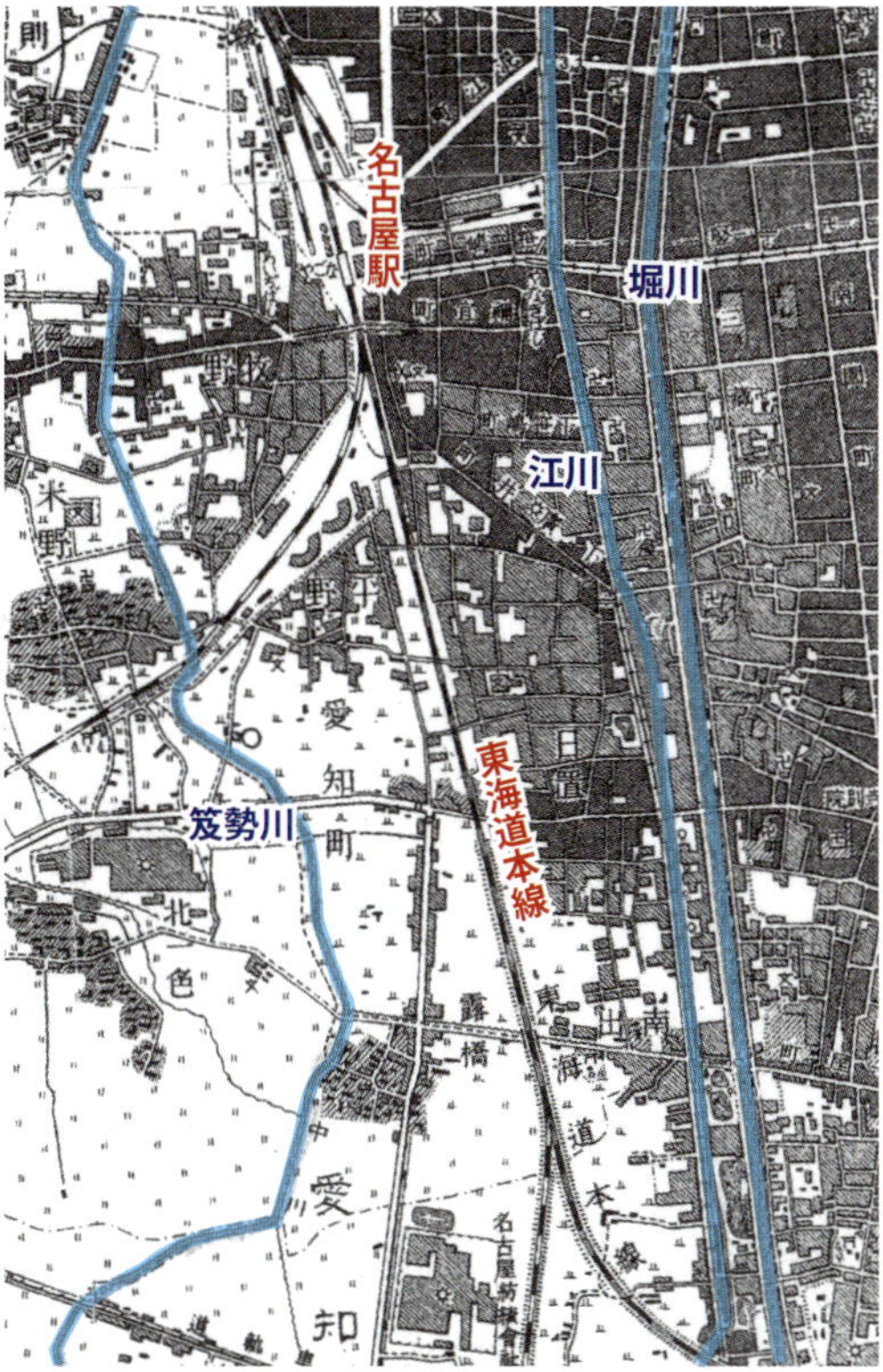

堀川と並行して流れていた江川と笈勢川。江川も笈勢川も道の名称として残っている（大正９年：2万5000分の1、国土地理院）

江川線。ここに江川が流れていた

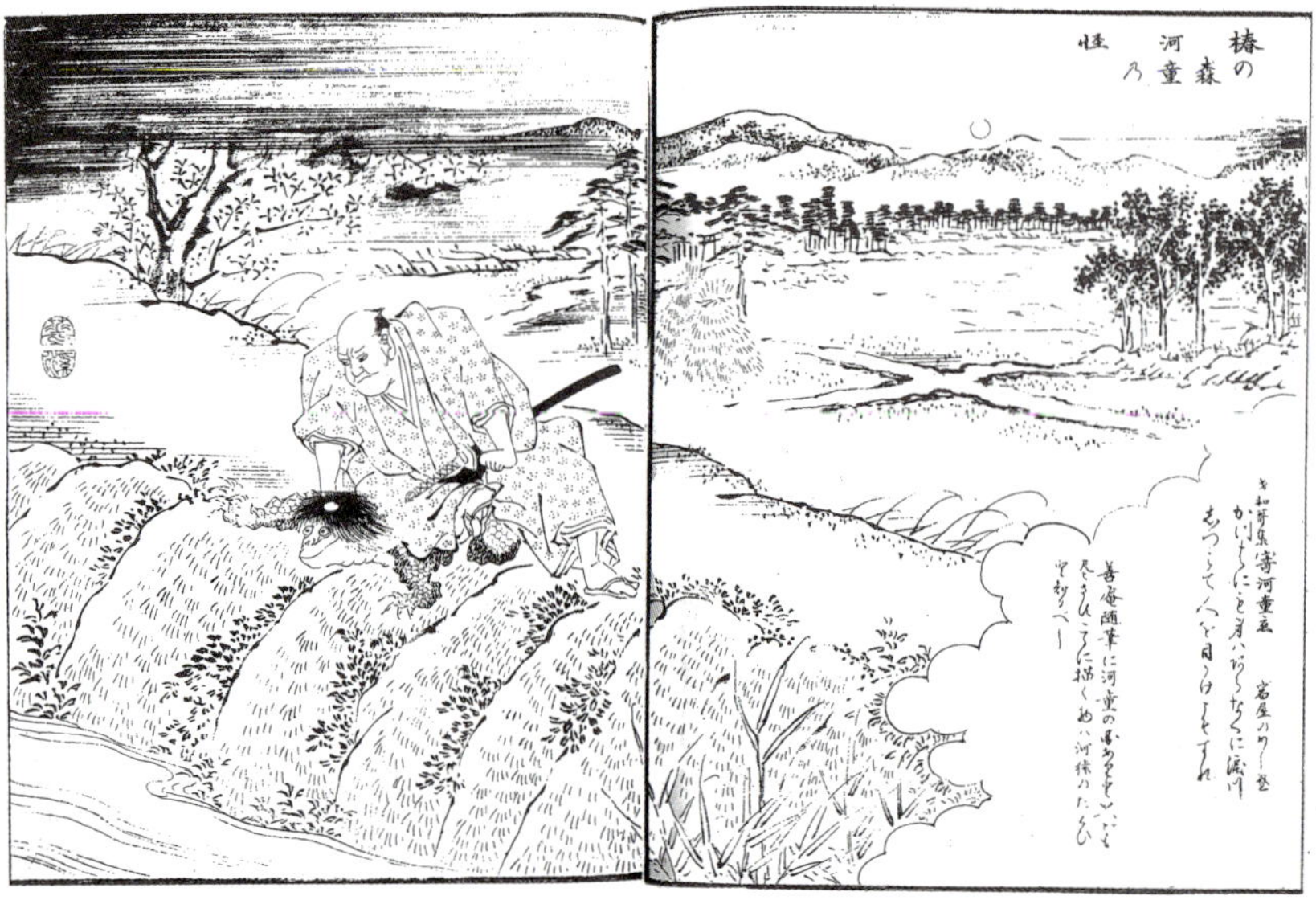

「椿の森河童乃怪」『尾張名所図会』附録巻三。組み伏せられた河童の下の流れが笈勢川。この絵は現在の西区押切の交差点あたりだと思われる

かつての笈勢川の川筋

いた跡だ。名古屋駅西口近くに椿《つばき》神社があり、「椿の森」と呼ばれていた。宝暦6年（1756）、巾下《はばした》（西区）に住んでいた河合小傳治《こでんじ》が早朝に押切《おしきり》のあたりを散歩していた時、椿の森に棲む河童に出会い、いたずらをしたので笈勢川へ放り投げたという話が伝えられている。また、笈勢川には子ども好きな河童がいて、川でおぼれた子どもを助けたという話も伝わっている。

笈勢川の下流が**中川**で、ウナギがたくさんいたという。なかには縄でくくって数人がかりで引き揚げようとしても、縄を切って逃げるほどの大ウナギもいたという。笈勢川は昭和初期に名古屋駅近くの笹島までが**中川運河**として整備され、なくなった。

栄にあった池や川

栄にも何本もの川が流れていた。名古屋を代表する広小路通を流れていたのは**紫川**《むらさき》だ。広小路通を西に流れ、途中で白川公園方面へ向きを変え、洲崎《すざき》橋のところで堀川に注いでいた。名前の由来は、大久保見《おおくぼみ》町（現・中区栄2、3丁目：白川公園付近）にあった伝《でん》光《こう》院（現在は名東区）の境内に古い五輪の石塔があり、それが紫式部の墓だと言い伝えられていたことによ

広小路と紫川。広小路の中でも最もにぎわいを見せていた柳薬師（古松山新福院）の前。紫川を小橋で渡った（『尾張名陽図会』）

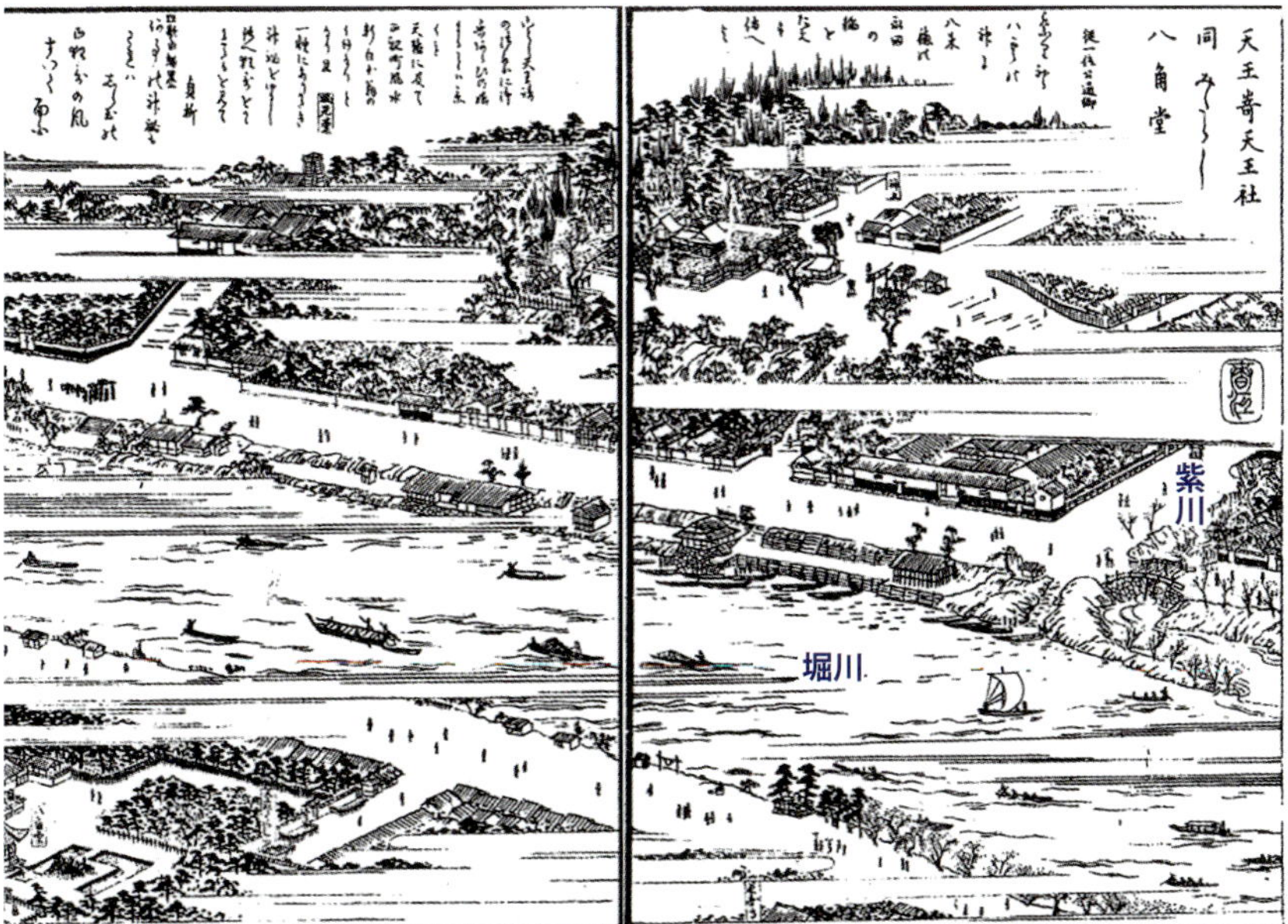

「天王嵜天王社」『尾張名所図会』前篇巻二。堀川へ流れ込んでいる右端の小川が紫川

る。ただし、紫式部の墓がここにあったという史実はなく、単なる言い伝えのようだ。

別の説ではこの川は名古屋《なごや》村（現・西区）の先にあったため、「村先川」が「紫川」になったともいう。明治22年（１８８９）につくられた『尾張名所図絵』に描かれた市役所（現・中区役所付近）の前を、少し大き目の溝のような感じで流れているのが紫川だ。ただ、かつて「むらさき川へ身をなげて、身は身で沈む、小袖は小袖で浮いて行く」と女童の手鞠歌にうたわれていたというから、その昔は身が沈むほど深い川であったようだ。

また、久屋大通には**小袖川**《こそで》が流れていた。名古屋テレビ塔の下に「小袖懸けの松の由来」について書いた高札がある。由来によると平清盛によって都を追われ、井戸田村に流された藤原師長《もろなが》に村長の娘が恋をした。師長が許されて都に帰るとき、愛用の琵琶を娘に与えた。娘は師長の後を追い、この地まで来たが、松に小袖をかけて入水した。

（上）名古屋郵便電信局。広小路七間町交差点の角（日興証券名古屋支店）にあった。屋上前面の大時計は多くの人に便利がられた。前を流れるのは紫川。（下）名古屋市役所。門の前を流れる小川が紫川（ともに『尾張名所図絵』）

この話は紫川でうたわれていたという女童の手鞠歌を小袖塚の言い伝えに取り込んだものかもしれない。あるいは小袖川は紫川の上流の一つであったということかもしれない。ただ、枇杷島（西区）にも師長の後を追い入水した話が伝わっており、そちらの話の方が有名だ。
小袖川は**錦川**ともいわれ、小袖塚のあたりから発し、久屋《ひさや》町筋と鍛冶屋《かじや》町筋の間にあった山田町の**袖ケ池**《そでが》（袖ケ淵）に入ったという。この池があったのは久屋大通公園の希望

「小袖懸けの松の由来」について書かれた高札のあたりを小袖川が流れていた。松の木も植えられている

「小袖塚」『尾張名所図会』前篇巻二。横江氏の女（むすめ）が師長公との別れを惜しみとある。伝説の内容は枇杷島に伝わる話と同じだ

の広場あたりではないかと思われる。昔はかなり大きな池で、南の方の用水に使われていたという。

小袖川の近くには**紅葉《もみじ》川**という川もあったといわれる。上田町《うえだまち》（オアシス21の少し北）を流れていたとされるが実際にどこを流れていたのか、名前の由来などはわからない。

中区南小川町（現・中区新栄1丁目：白山中学のあたり）には**古沢ノ《ふるさわの》池**があった。大きな池で水鳥が数多く棲んでいたが、明和・安永（1764〜1780）までに小さな池となり、その後は畑になり消失した。

鶴舞池は鶴舞公園ではなく、中区池田町（現・中区栄4丁目）にあった。寛永（1624〜1643）の頃までは大きな池であったがその後、畑となり宝暦6、7年（1756、1757）頃に町家になった。現在の池田公園あたりと思われる。いずれの川も、名古屋台地の湧水が水源となっていたようだ。

錦3丁目は江戸時代に蒲焼《かばやき》町といっていた。ここにあった**扇《おうぎ》風呂の井水**は肌がきれいになるといわれ、名古屋の三名水の一つに数えられていた。

大須通を流れる川

中区大須にあった清寿《せいじゅ》院は、修験道の寺院であったが、明治5年（1872）に廃仏毀釈によって廃寺となった。清寿院の**柳下水**《りゅうかすい》も名古屋の三名水の一つに数えられていた。これも名古屋台地の恵みの水といえる。清寿院にあった後園は明治12年（1879）名古屋で最初の公園（浪越《なみこし》公園）として整備され、現在は那古野山《なごややま》古墳公園となっている。さらに大須には湧水があり、川も流れていた。

日置神社。裏手に七志水川の水源の一つがあった

大須通には**七志水川**《ななしみず》という川が流れていた。水源は大須観音の裏と日置神社の裏の二カ所にあり、大須通と伏見通が交差するあたりで合流し、

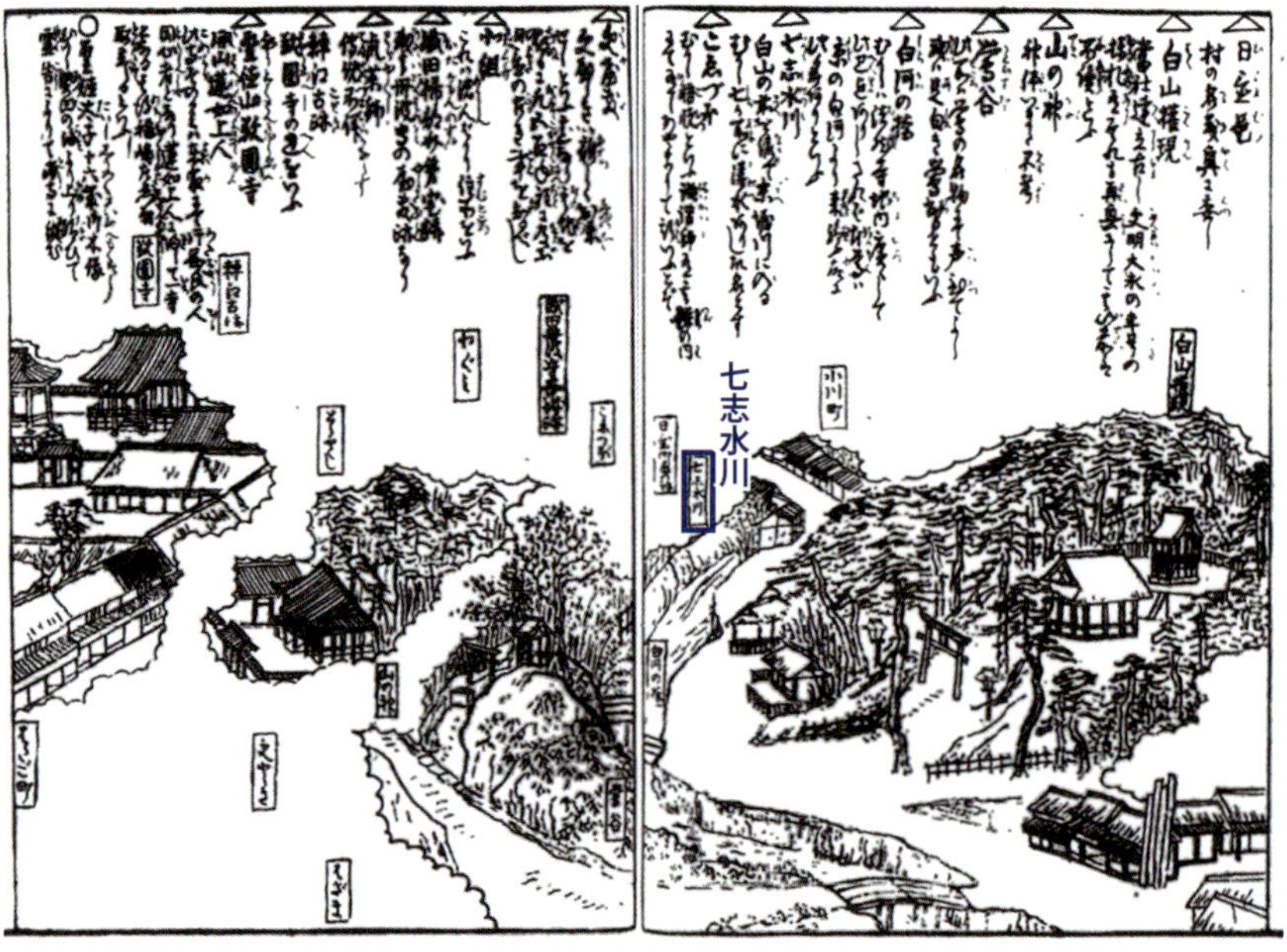

七志水川が流れているのは現在の大須通。絵の上方へ流れ堀川へ注いだ（『尾張名陽図会』）

大須通沿いに建つ白山神社。この前を七志水川が流れていた

大須通を西へ流れ、白山神社の前を通り堀川へ注いでいた。七志水川の名前は途中で七つの清水があったことに由来する。このように名古屋台地には多くの湧水があり、一部は堀川へ流入していた。

名古屋台地北端の湧水

名古屋台地を水源とした川の多くは城下の南へ流れて精進川に入ったが、台地北端の水は北へ流れ、矢田川へ入った。明和高校（東区白壁）のすぐ東に、学問の神様で知られる七尾《なな お》神社がある。ここに**亀尾《かめ お》清水**と呼ばれる湧水があり、これも名古屋の三名水の一つで

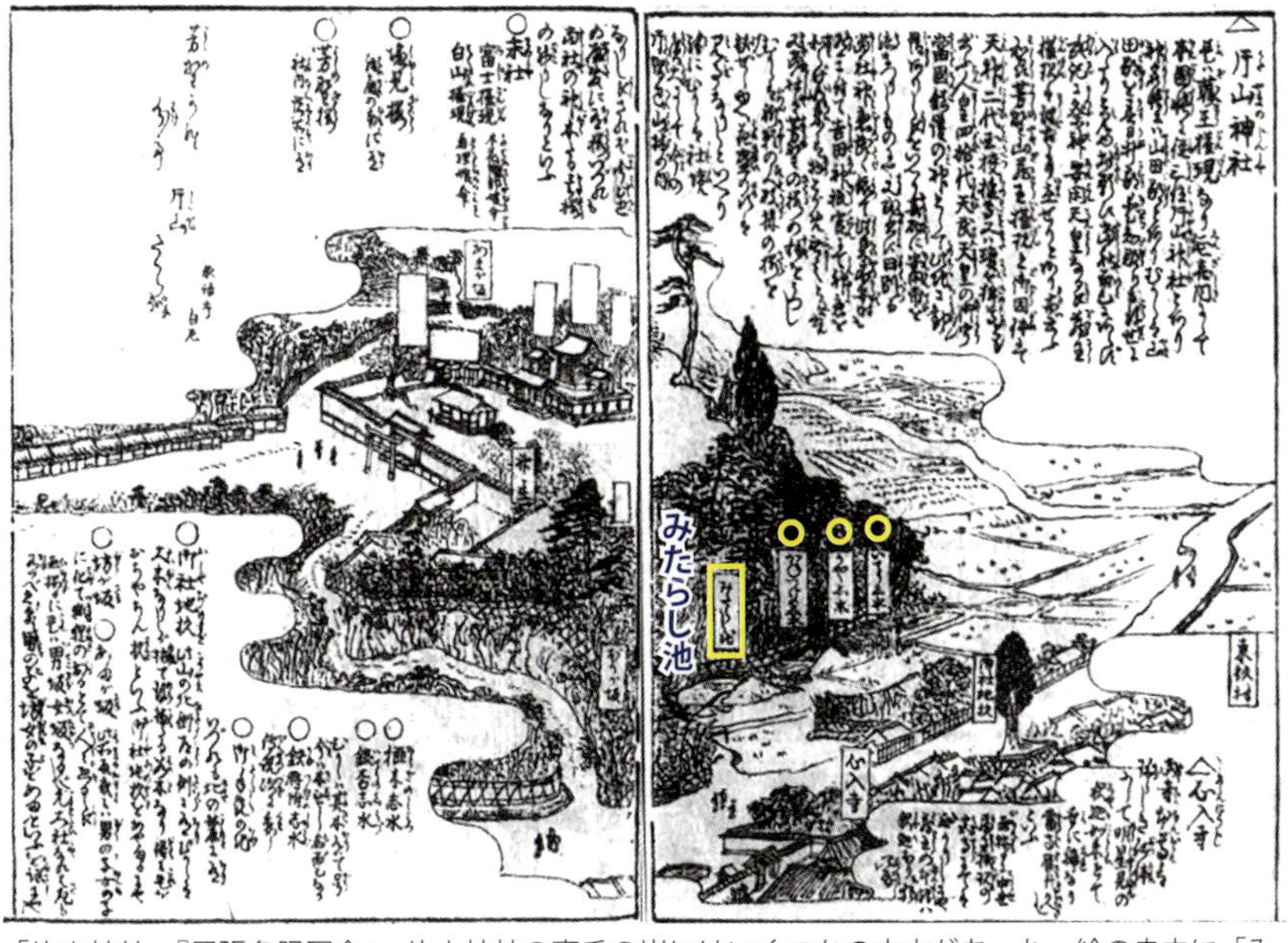

「片山神社」『尾張名陽図会』。片山神社の裏手の崖にはいくつかの志水があった。絵の央中に「みたらし池」、その右に「かねつけの志水」「かや志水」「いちょう志水」がある

あった。七尾神社の北東にある片山神社（東区芳野）の北側は名古屋台地の端で崖になっていた。崖下には**かねつけ清水**という、鉄漿《かね》（おはぐろ）をつけるのに良いとされた湧水や、**かや清水**という湧水があった。

東区のナゴヤドームの近くに萱場町《かやば》（千種区）がある。ここも、その昔、**萱場池**があったという。萱場の由来として屋根の材料とする「茅《かや》」を刈る場所があったから、あるいはここにあった池で茅を洗っていた老婆が池にはまって死んだことから萱場になったなどの説がある。ここも名古屋台地の北端にあたる。

御下屋敷を水源とした流川

流川《ながれ》は地下鉄新栄駅のあたりにあった尾張藩二代藩主・徳川光友がつくった御下《おした》屋敷を水源としていた。現在、名古屋女子文化短大、名古屋芸創センター、名古屋市立葵小学校、カトリック布池教会などがあるあたりだ。御下屋敷の西側には寺町があった。

御下屋敷は延宝7年（1679）につくられた6万4000坪の広さを誇る尾張藩別邸で、北東隅には七

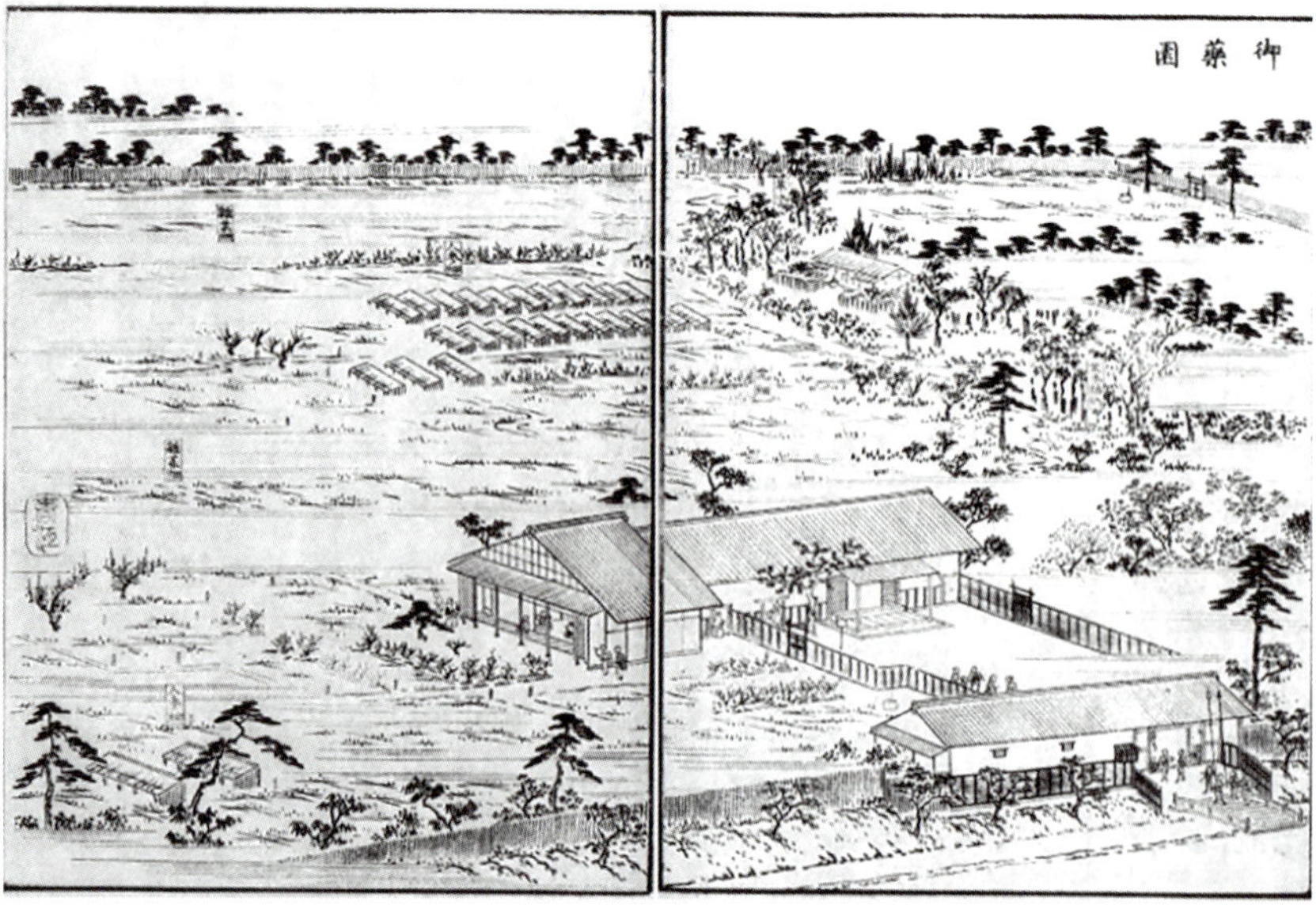

「御薬園」『尾張名所図会』附録巻一。御薬園は二代藩主徳川光友がつくった御下屋敷の北東隅にあった。御薬園の門の前にも川が流れている

代藩主・徳川宗春《むねはる》が朝鮮人参などの薬草を栽培したことで知られる御薬園があった。その北には広大な境内を持つ建中寺があり、さらにその北東にあったのが大曽根屋敷、今の徳川園である。

この御下屋敷の池から流れていたのが流川だ。『金《こん》鱗九十九之塵《りんつくものちり》』によると、流川は水は常に清々しとして、尾張藩の別邸御下屋敷の中にある池から湧き出ているので、日照りが続いても涸れることがないとしている。

『名古屋府城志《なごやふじょうし》』や『尾陽寛文記《びようかんぶんき》』によると流川は新栄の東寺町を北から南へ流れ、多くの小川の水を集めていた。ただ、これらの小川のうち、流川以外に名前のついている川はほとんどない。流川が飯田街道を越えるところに架かっていたのがすぶた橋だ。

かつての名をとどめる小川交差点

寺町は寺院を集めて町をかたちづくっている。寺は戦《いくさ》になった時、敵を迎え撃つための施設として利用できる。名古屋には、大須を中心とした南寺町と、新栄

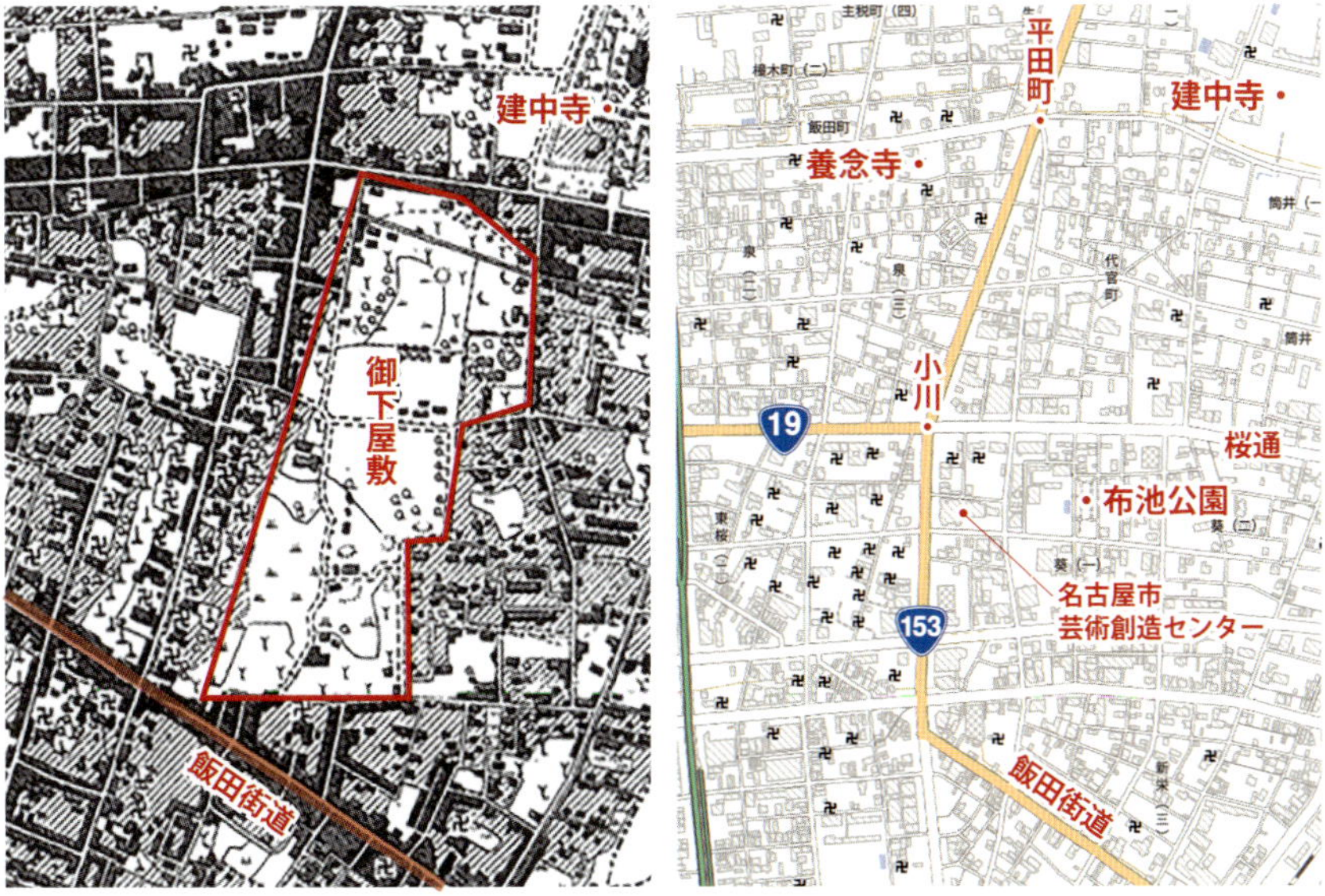

精進川の支流の一つであった流川は御下屋敷の池から流れていた。御下屋敷の西に隣接するように寺町がある。葵一、代官町、筒井町のあたりに御下屋敷があった。寺町には今も多くの寺が集まっている（左：明治 24 年・2 万分の 1：国土地理院、右：地理院地図 Vector を加工して作成）

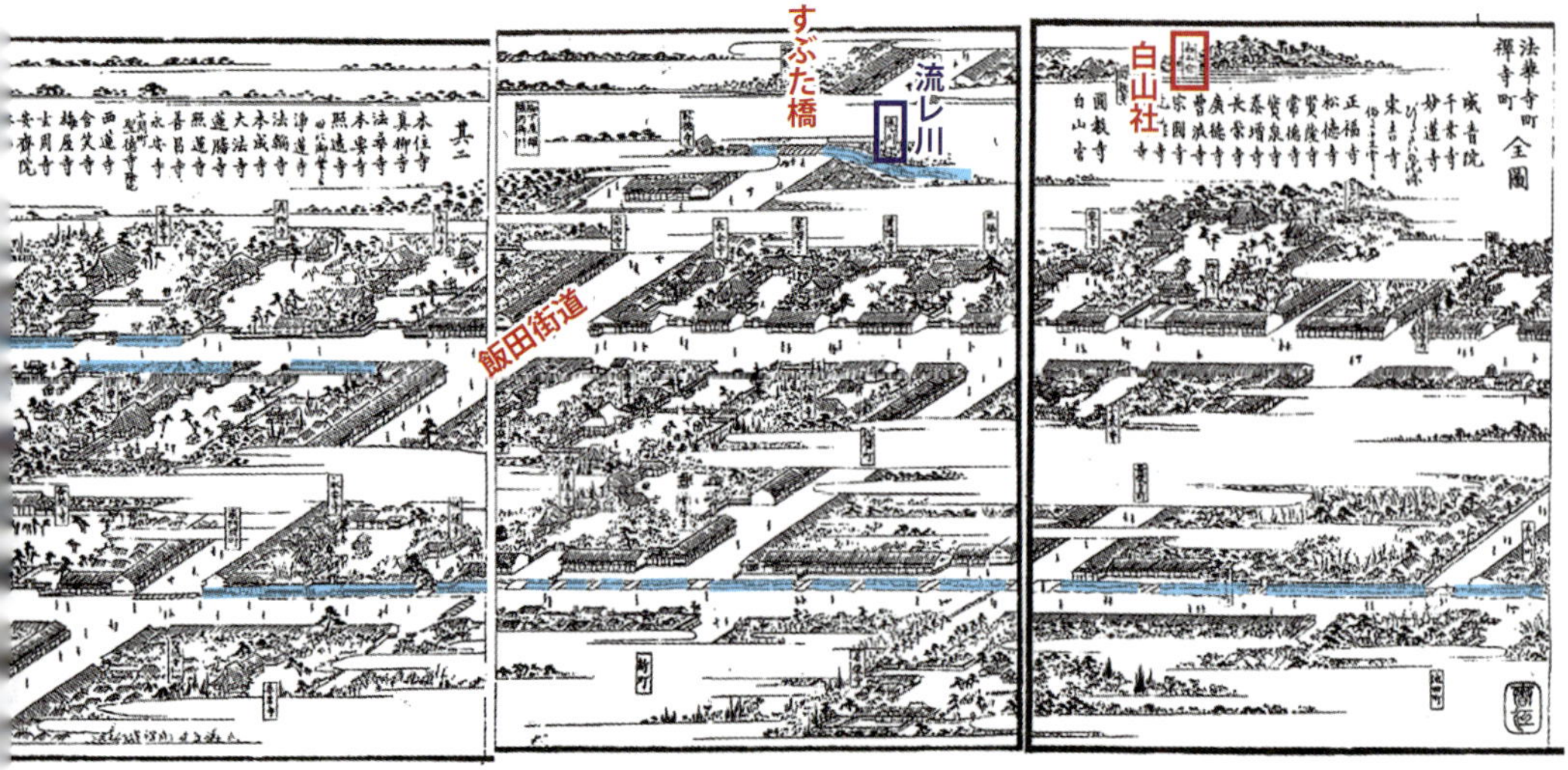

養念寺の烏ケ池

にある法華寺町と禅寺町から成り立つ東寺町があった。東寺町の北は桜通、南は飯田街道の少し南まで、東は国道153号、西は名古屋高速（空港線）に囲まれた南北に長い範囲である。戦後になって多くの寺が移転したが、いまもこの地には多くの寺が集まっている。

『尾張名所図会』には寺町にあった寺の配置が詳しく描かれ、寺町の中にたくさんの小川も描かれている。その中に御下屋敷から流れてくる流川も描かれている。ほかにも池が描かれている寺がいくつか見られる。これらの池はほかの水源から導かれたものもあれば、寺の境内の湧水が水源になっているものもあった。

名古屋城南側にある外堀通を東へ進むと国道19号に行き当たる。このあたりの町名は東区泉だが、かつては平田《へいでん》町といった。ここに平田《へいでん》院（平成2年に天白区へ移転）という大きな寺があったところから付けられ

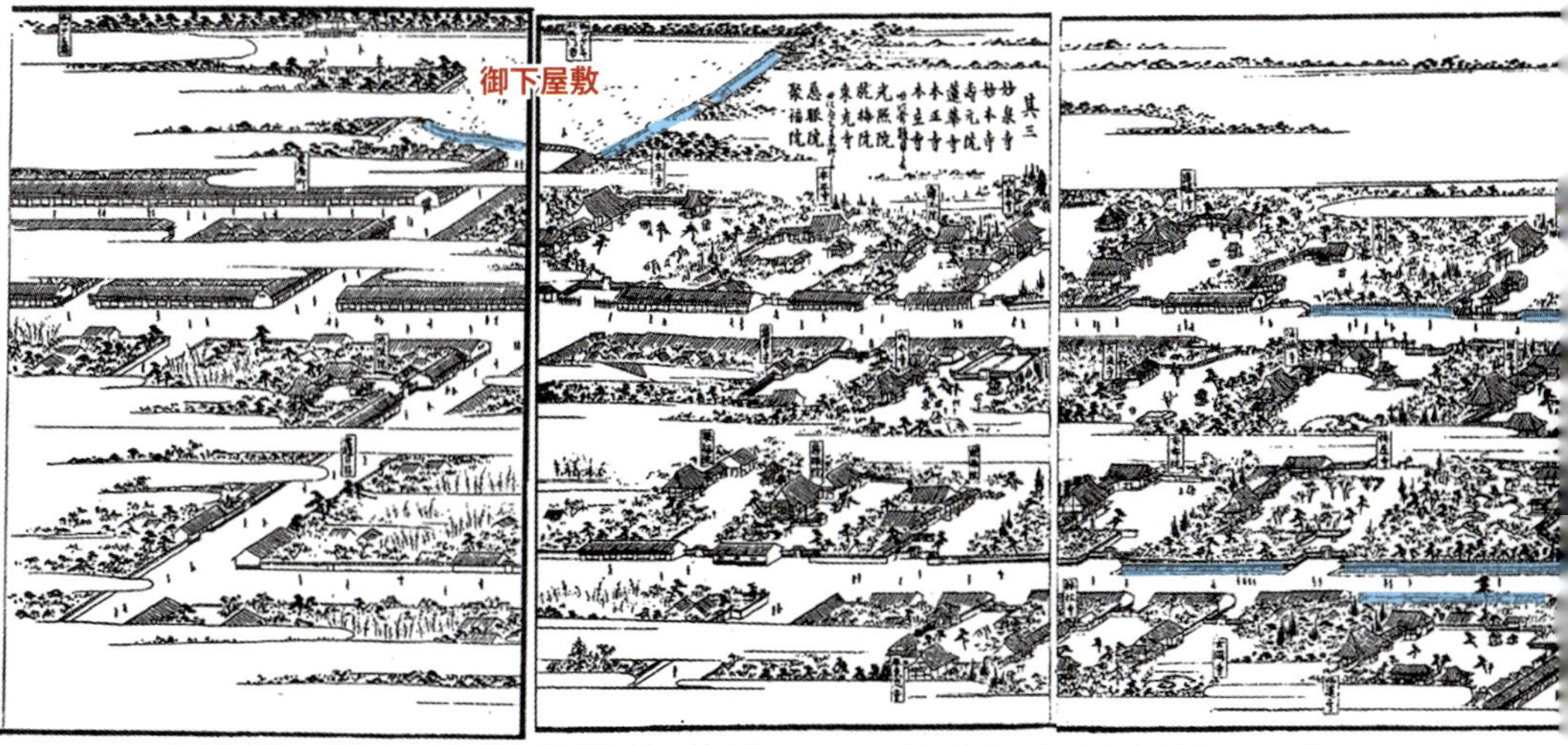

「法華寺町　禅寺町全図」『尾張名所図会』前篇巻二。御下屋敷駿河御門の方から「流レ川」が流れ、右上の白山社の横には石神堂川が流れていた。二つの川は丸太町交差点のあたりで合流した。寺町の中をたくさんの川が流れ、寺の境内にも多くの池があった。流レ川を渡る斜めの道が飯田街道

た町名である。平田町交差点の西に養念《ようねん》寺（東区泉3丁目）がある。この寺にある**烏ケ《からすが》池**は、水は澄んでいたが泥土によって、池の水が黒く見えたため烏ケ池の名が付いたという。この池も湧水によって水を湛えていた。

烏ケ池からの流れは**烏《からす》川**と呼ばれ、北烏川橋、烏川橋、團平橋、喰違橋、南烏川橋、新栄橋などの橋が架かっていた。橋の長さは1間3尺（2・4メートル）から2間（3・6メートル）であったというからそれなりの川幅があったようだ。また、このあたりは太平

「烏ケ池」『尾張名所図会』前篇巻二。湧水によって、いつも美しい水を湛えていた

「山吹谷」『尾張名所図会』前篇巻二。ここは昔の那古野山の谷合であったが、いつしか武家の宅地となり、ところどころに山吹が残っているだけになった

洋戦争の時の空襲で大きな被害を受けた。それを何十年もかけて再建した。烏ケ池も再建されたが、昔のような湧水はみられない。

養念寺の西に山吹《やまぶき》小学校と山吹谷公園がある。ここも『尾張名所図会』に、山吹の美しい場所であったと紹介されている。図会には渓流も描かれている。東区にはこうした湧水が各所にあった。

地下鉄高岳《たかおか》駅のすぐ西の高岳交差で桜通と国道19号が交わっている。高岳の名前も近くにある高岳院《こうがく》という寺院に由来する。このあたりにも多くの小川が流れていた。高岳交差点から東へ向かうと小川交差点だ。このあたりから南東方面に御下屋敷が広がっていた。

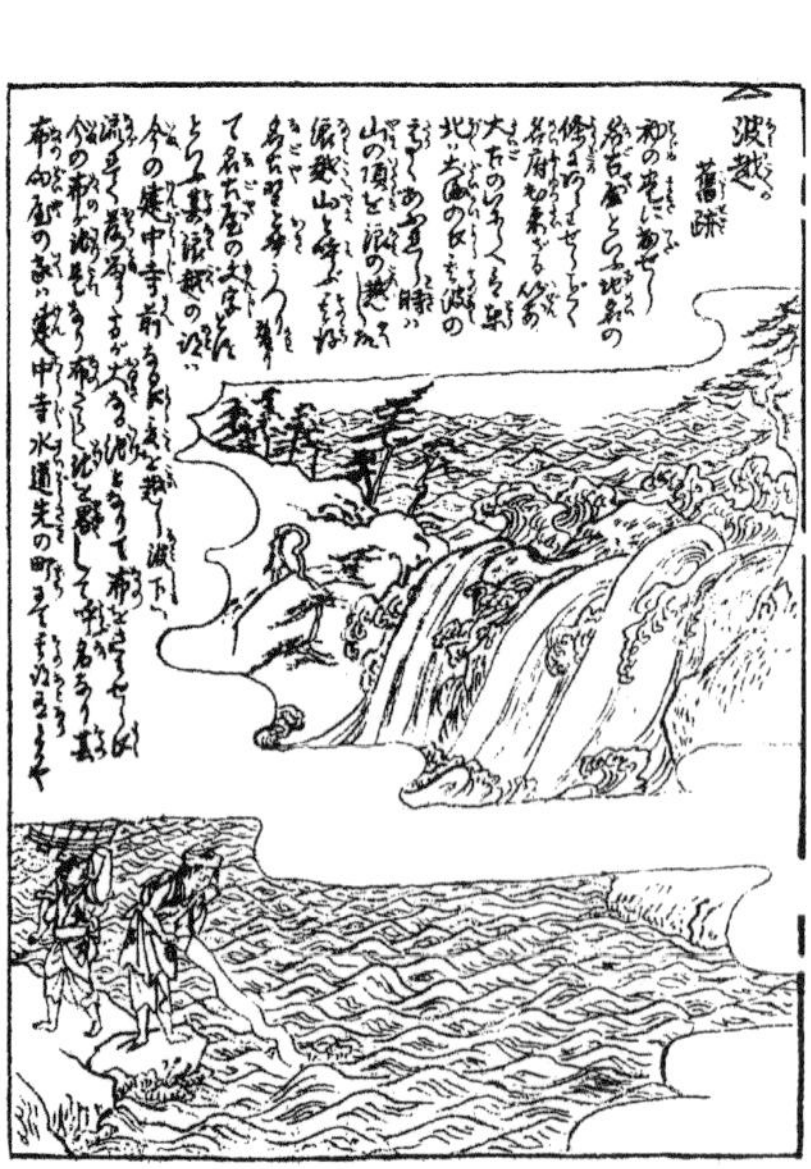

布池。浪越が訛って名古屋となり、大浪の跡が布池になったという。（『尾張名陽図会』）

現在、布池《ぬのいけ》公園や布池教会が建っているあたり（東区葵）はかつて布池町という町名であった。ここに**布《ぬの》ケ《が》池**があった。布ケ池は、かつては御下屋敷の中にあったともいわれている。名前の由来はこの池で布をさらしたとか、初代藩主義直の生母である相応院・お亀の方の菩提のために建立した相応寺（現千種区城山町）が池の近くにあり、火葬の式をこのあたりで行うとき、道に布を敷いたからともいわれている。

『尾張名陽図会』によると、大昔、名古屋の東北に大海があり、大波が山を越えてきた。その山を「浪越《なみこえ》山《やま》」と呼び、それが訛って名古屋となったという。その時の波によって大きな池ができ、そこで布をさらしたので「布さらし池」と呼び、それが略され布池となったともいう。

寺町を流れていたたくさんの小川には橋が架けられていたが、多くは明治30年頃に架設あるいは改築、命名されたものが多い。しかし明治43年に新堀川が完成し、それに伴って大正時代の初めにかけて行われた下水改良工事によって、多くの橋が撤去された。

それでも寺町のあたりの町名は「小川町」として、昭和50年頃まで存在した。町名は変わったが、国道19号と153号が交わる交差点の名前はいまも小川となっている。

名古屋の中心部はきれいな碁盤割で、道は南北に揃っているが、このあたりは斜めになっている道が多い（109頁地図）。流川をはじめ、多くの川が北北東から南南西へ向かって流れていたため、川に沿って道がつくられたからだと思われる。

御器所台地の湧水

国道41号の起点となっている高岳交差点。ここから南北へと延びるのが空港線だ。空港線が広小路通を越えるあたりから、西側と東側が徐々に高くなっていく。西側を名古屋台地、東側を御器所台地という。御器所台地の上に立地する御器所村も湧水に恵まれていた。村の中には百日もの旱《ひでり》が続いても涸れることはなかったとされる三つの湧水があった。

一つ目が、滝のように水が湧き出していたため、字名を滝子《たきこ》といった。高辻《たかつじ》の交差点から坂を少し東へ上がったバス停・滝子通2丁目あたりだと思われる。

二つ目が亀口乗元寺（浄元寺：昭和区村雲町）の竹林にあった湧水で、寺の近くに「延命地蔵と亀口の泉」という石碑が建てられている。

三つ目は「西市場の坂の北竹林の下」にあったという。西市場は高辻の少し北を東に入ったあたりだ。こうした湧水のおかげで干ばつによる害は少なかったといわれている。

御器所台地からは今も水が湧き出している。それを見られる場所が鶴舞中央図書館にある。図書館地下1階の休憩室の外に「つるのめぐみ」と書かれた案内板に、「名古屋のまちに降りそそいだ雨が少しずつ台地に育まれこんこんと湧きだし、この場所から涌出している」とある。この水質は良好で、水量は平均して1分間1000リットル以上はあるという。

鶴舞公園から高辻方面にかけては御器所台地の西の端にあたり、現在でも坂道が多いが、江戸時代は崖状になって続いていた。いまも道の途中が階段になっている場所がある。

御器所三湧水の一つ、亀口の泉

御器所台地の湧水は丸池、広見池、龍興寺池、竜ケ池などを経て、鶴舞公園と中警察署の間を流れていた精進川へ落とされていた。

精進川まで流れた猫ケ洞池の水

猫ケ洞用水は江戸時代後期に末森村（千種区）で分水工事が行われ、今池方面へと流れる用水がつくられ、新川と呼ばれ、今池（馬池）を経た水は、川名村

鶴舞中央図書館の「つるのめぐみ」

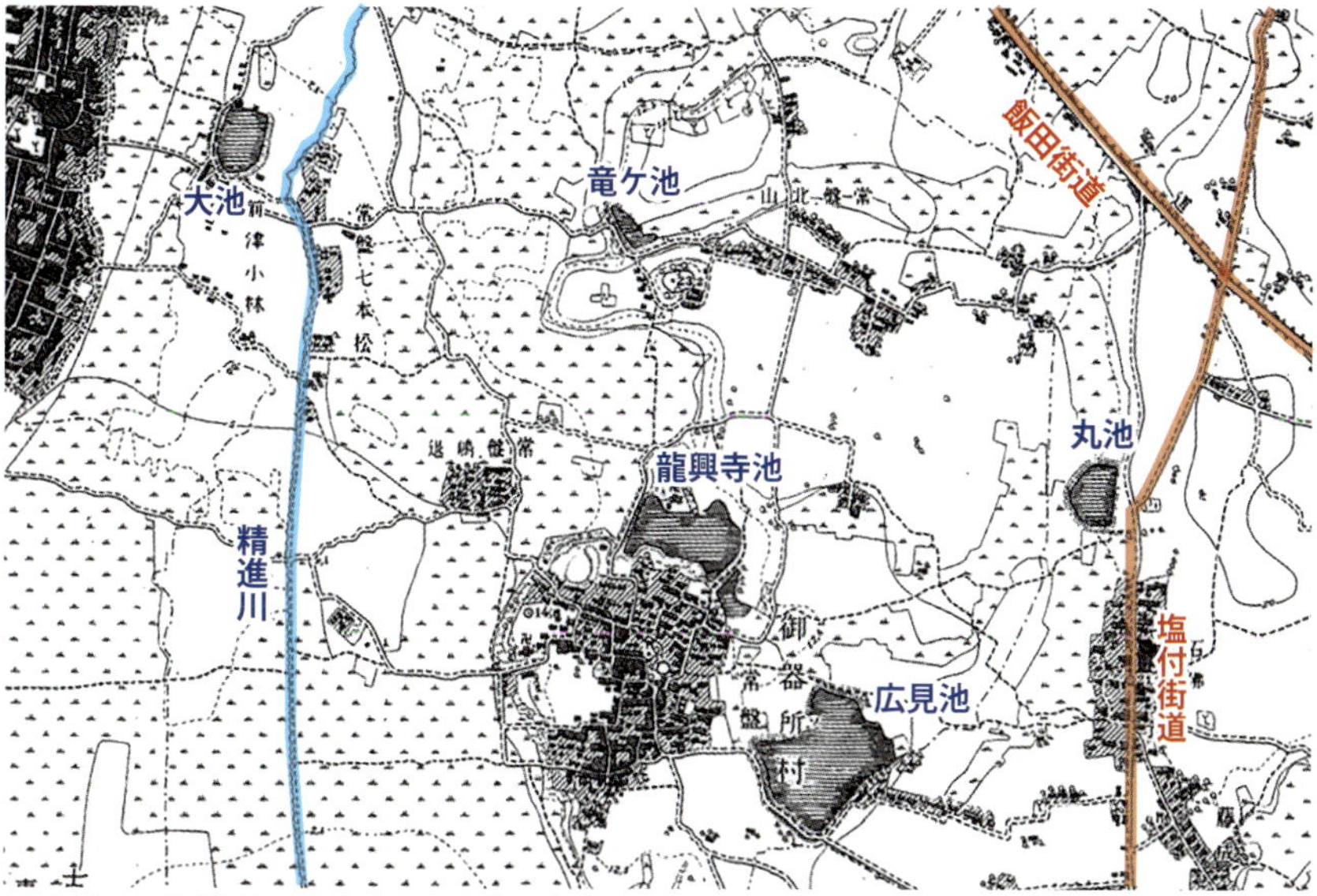

竜ケ池の西側が鶴舞公園となった。龍興寺池の南に御器所村の集落があった。集落の西の崖から豊富な湧水があった。現在も残っているのは鶴舞公園の竜ケ池だけだ（明治 24 年・2 万分の 1：国土地理院）

鶴舞公園の竜ケ池

方面へも流れた。

川名村を通った猫ケ洞用水は、石仏村（地下鉄御器所駅の南）の**丸池**へも導かれた。丸池があったのは、地下鉄御器所駅近くの名古屋市営バス御器所営業所（御器所車庫：昭和区御器所通）のあたりで、その南の昭和生涯学習センター（昭和区石仏町）のあたりに石仏村の集落があった。

丸池の水は南西へ流れて**広見池**へ入り、次に地下鉄荒畑駅の南にある**龍興寺池（天池）**、さらに**竜ケ池**（鶴舞公園）を経て最後は精進川へ落とされた。『尾張名所図会』によると、龍興寺は古池に臨み風景のよいところであったという。この古池は、龍興寺池のことと思われる

現在は地下鉄御器所駅のすぐ北に昭和区役所があるが、明治になるまで

は御器所村の集落は龍興寺池の南にあり、村の中心に御器所八幡宮があった。

これらの池をつなぐ用水の幅は90センチメートル程であった。広見池、龍興寺池は大きな池であったが、水深は浅かった。御器所村にあったため池のうち、今も残っているのは鶴舞公園の東にある竜ケ池だけだ。

ところで御器所では焼き物に適した土が採れ、古くは熱田神宮へ献上する土器《かわらけ》を焼く御器所《おんうつわどころ》であり、それが「ゴキソ」と呼ばれるようになったともいわれている。江戸時代にも焙烙《ほうろく》や瓦を焼いていた。その土を採掘した跡に雨水や湧水が溜まってできたのが広見池ではないかともいう。

新堀川と精進川

鶴舞公園はもともとあった**精進《しょうじん》川**を改修し、その時の土砂で湿地であった場所を埋め立ててつくられたというが、精進川がどういう川であったのかはあまり知られていない。

『尾張志』（天保15年）によると精進川は「熱田駅姥《うば》堂《どう》の際にあり。水源は大喜村（現・瑞穂区）より出て熱田鈴ノ宮の東にいたり南に流れて海に入る」とある。江戸時代に精進川と呼ばれていたのは熱田区から下流にあたる部分で、上流部は別の名前で呼ばれていた。

熱田港海岸。明治40年（1907）に名古屋港が開港するまで、七里の渡場が港であった。大型船は出入りできないため、四日市港で貨物を小型船に積み替え、熱田港まで運んでいた。（『尾張名所図絵』）

『尾張国愛知郡誌』（明治22年）によると精進川は猫ケ洞池より発し、千種村に至り、悪水を集めて南下し、常盤村（御器所村、現・昭和区）、前津小林村、東古渡村（現・中区）、東熱田伝馬《てんま》町（現・熱田区）を経て名古屋港に注ぐ長さ約4530メートル、幅約3・6メートルから10・9メートル、専ら悪水の疎通に供す、とある。ここでいう名古屋港は現在の名古屋港ではなく、七里の渡があった場所だ。

明治になっても精進川と呼んでいたのは御器所村から下流のようだ。『名古屋市史』（大正5年）によると、蝮池および猫ケ洞池を源とする流れを**長根川**《ながね》もしくは**新川**と呼んでいた。大正9年に編集された『尾張国愛知郡誌』では精進川を猫ケ洞池に発し海までの距離を約9800メートルとしている。猫ケ洞池は山崎川の水源であると同時に精進川の水源の一つにもなっていた。

堀留水処理センター

江戸時代の終わり頃から精進川に流入する生活排水が増え、川の汚れが目立つようになってきた。明治43年（1910）10月に精進川を改修し、新堀川が完成するが、昭和5年（1930）に水処理センターの運転が始まるまで、汚水は新堀川へ直接放流されていた。

精進川は、川幅が狭く、悪水が滞留し、大雨が降れば氾濫による被害にしばしば見舞われたことが改修の大きな理由だといわれている。

一般的に河川改修は川幅の拡幅、川底の浚渫《しゅんせつ》、堤防の嵩上げ、スムーズな流れを確保するために屈曲している部分を直線的にするなどで、改修された川は改修前と同じような場所を流れているのが普通だ。しかし新堀川と精進川は河道が一致しているところはほとんどなく、河口部を除くと高辻のあたりで最接近する程度だ。特に上流部にあった**流川**や**石神堂川**は川そのものが消滅している。新堀川は精進川を改修したというよりは新たに開削された川だといってもいい。

消滅した流川や石神堂川などは水処理センターの東400メートルほどの丸太町交差点付近で合流し、新堀川の東の方を南下した。これらの川跡は、いまやどこにも見当らない。新堀川が開削されたことで、これらの川は埋められた。

水処理センターで処理する生活排水の処理区域は千種、東、昭和各区の一部だが、この区域はかつての石神堂川や流川の流域とかなり一致している。

新堀川より東を流れていた精進川

　現在、中警察署のあるところに**大《おお》池**（麹《こうじ》池）があった。いまの新堀川は中警察署（大池）の西を流れているが精進川は大池の東を流れ、鶴舞公園の南の七本松交差点あたりで現在の中央線を横切り、そのまま南下した。精進川の東（左岸）が御器所村、西（右岸）が前津小林村であった。精進川は現在の空港線の西側あたりを流れていた。

『尾張名所図会』に、現在の中区上前津のあたりを描いた絵が二枚ある。そのうちの一枚に大池が描かれている。絵には八幡山と七本松の文字も見える。八幡山は鶴舞公園のすぐ東にある八幡山古墳、七本松は現在も交差点の名前にある。ただ、七本松となっているが、図会では三本しか描かれていない。昔、ここを街道が通っていて、その時の名残の松だという。

　もう一枚は男の子が畑の中で凧揚げに興じ、女性が野草を積んでいる絵で、ここから富士山が見えるとい

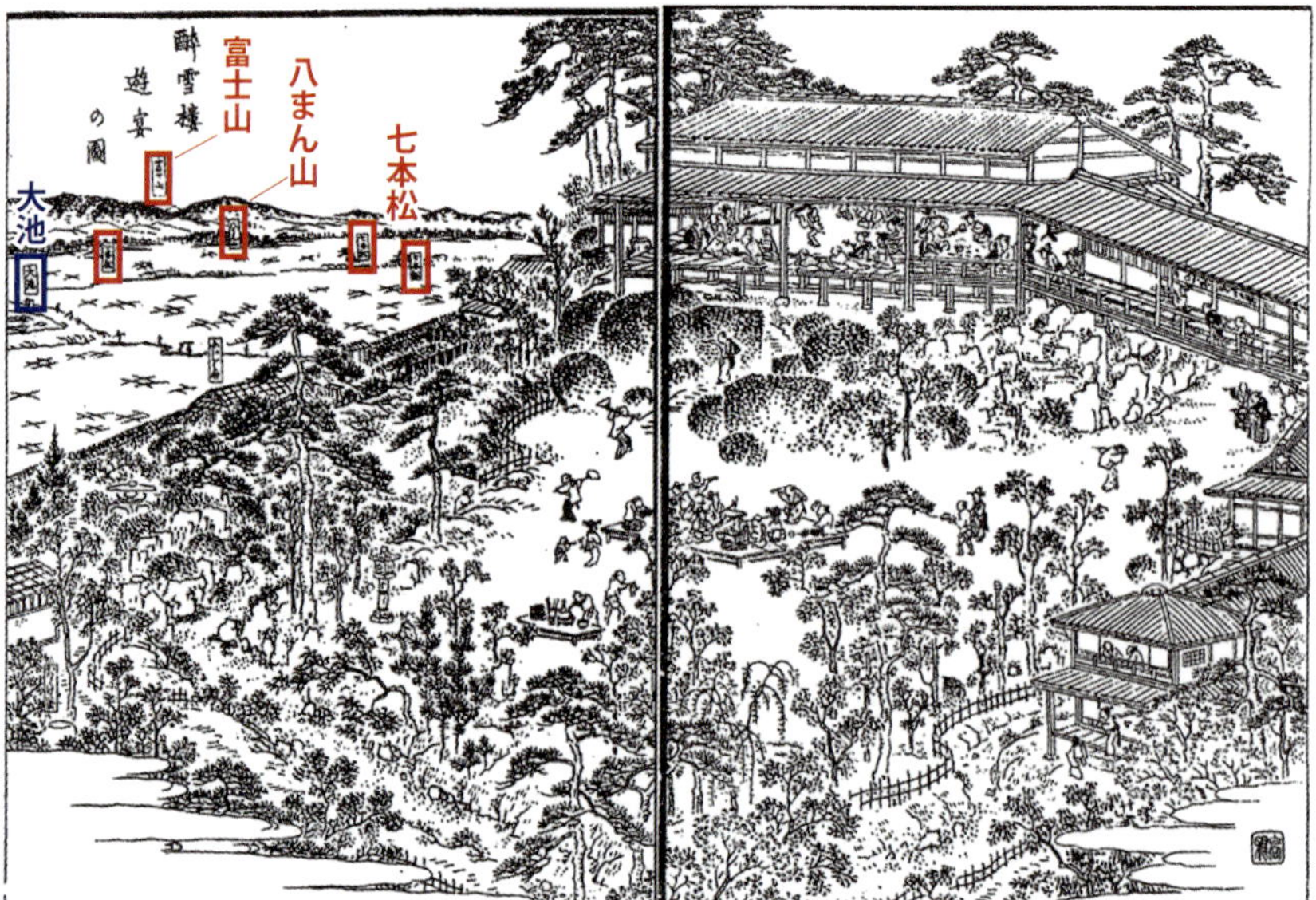

「酔雪楼　遊宴」『尾張名所図会』前篇巻二。左端の大池は、現在は中警察署となっている。富士山の文字の右の「八まん山」は鶴舞公園東隣の八幡山古墳

うことで、富士見原と呼ばれた場所だ。図会には描かれていないが、絵の真ん中あたりを左から右へ精進川が流れていた。富士見原から精進川へ向かって、土地が低くなっていることがわかる。

御器所村を通った精進川は高田村（瑞穂区）に入り、村の西を流れた。堀田通（空港線）と新堀川の間に二野《ふたの》町がある（124頁地図）。江戸時代はこのあたりに大道奉行が管轄する二野橋が架かり、橋のたもとに船着き場があったという。精進川の西側一帯は熱田神宮の神領であった。

精進川は牛巻《うしまき》町（二野町の南）のあたりから蛇行を繰り返し始め少しずつ向きを変え、名鉄本線と交わるあたりで現在の新堀川とほぼ同じ流路になり、最後は七里の渡の近くで海に出た。

「富士見原」『尾張名所図会』前篇巻二。このあたりの町名は、いまも富士見町。左の奥に富士山が描かれている

子どもを「捨てた橋」

『尾張名所図会』の塚田神社の絵（63頁参照）には山崎川のほかに二本の川が描かれている。左上の川は精進川で牛巻跡の文字が見える。現在の瑞穂区牛巻のあたりだ。図会の真ん中あたりを流れているのは**本井戸田用水**。この用水に架かる行合《ゆきあい》橋は瑞穂区河岸町3丁目のあたりにあった。

江戸時代中頃から、この橋のたもとに我が子を捨て、誰かに拾ってもらい、その後、子どもを返してもらうと丈夫な子どもが育つとされる風習があった。ほかにも北区の清水小学校（北区清水5丁目）のあたりに小川があ

捨橋。北区にあった捨橋。丈夫な子どもに育つよう、橋に子どもを捨てる真似をする風習は各地にあったようだ（『尾張名陽図会』）

り、そこに架かっていた西行《さいぎょう》橋は捨《すて》橋と呼ばれ、ここでも赤ん坊を捨てる真似をしたとされる。

こうした風習は明治時代になるまで日本各地にあったという。また、赤ちゃんが生まれて初めて家の外に出た時、最初に出会った人を「行き会い親」とする地方もあった。そのため最初に出会ったのが子どもであっても「親」になったという話もある。

精進川にまつわる物語

『尾張名所図会』には、精進川に関わるいくつもの逸話が紹介されている。有名なのが現在も地名として残されている牛巻伝説だ。

北から流れてきた精進川は、現在の堀田通のあたりで大きく蛇行した。名古屋高速3号大高線堀田料金所の少し南にある牛巻交差点のあたりは、かつて**牛巻潭**《うしまきぶち》と呼ばれていた。ここに牛馬を巻き込んで食べるという大蛇が棲み、住民を困らせていた。その大蛇を熱田神宮の祠官で弓の達人とされた大原《おおはら》真人《まひと》武継《たけつぐ》が退治したという。牛や馬が誤って川の中へ入ると流されてしまうような、渦を巻いて流れる大きな潭があったところから生まれた話だろう。

『尾張名所図会』の前編巻四には「久玖利《くくり》が妻の大力　舟を引上る図」がある。とてつもない大力の女性が**草津川**《そうづ》で洗濯をしていたところ、舟に乗った5、6人の男たちにからかわれ、怒った女は積み荷もろとも男たちの乗った舟を、そのまま陸へ引き上げたという話だ。もとは『日本霊異記』に載っている話だが、その女が愛智郡片輪の里の出身であった。片輪の里は前津小林村の古渡（現・中区）にあったことから草津川は精進川の別名であると図会で紹介している。ところが、『尾張名所図会 付録』で、精進川を草津川と書いたのは間違いで、実はあま市の**萱津川**《かやつ》（庄内川）であったと訂正している。

『尾張名所図会』は東海道中膝栗毛に出てくる姥堂《うばどう》に関する話や裁断《さいだん》橋についても紹介している。七里の渡から東へ400メートルほどのところに精進川に架かる裁断橋と姥堂があった。裁断橋は、豊臣秀吉が小田原攻めをした時、出征した堀尾金助の母が戦死した金助を悼む碑文を擬宝珠《ぎぼし》に刻んだことで有名だ。

　また、裁断橋の近くには貪欲な老婆がいて、精進川を歩いて渡ろうとし溺死した僧侶の衣服を剥ぎ取った。しかし老婆は間もなく死に、その霊が夜な夜なこのあたりをさまよったという。そのため、この川は**僧都川**あるいは**三途川**と書いて「そうず川」とも呼ばれたという。

　その話をもとに建てられた姥堂

「牛巻潭古事」『尾張名所図会』前篇巻五

「久玖利が妻の大力　舟を引上げる図」『尾張名所図会』前篇巻四

は新堀川から少し離れた場所に現在はある。精進川が新堀川になり、流路が変わったからだ。熱田神宮へお参りする旅人がお祓いをしたという鈴之宮《すずのみや》（鈴之御前社）は、いまは新堀川を渡り、姥堂の前を過ぎた少し先にある。しかし江戸時代の鈴之宮は現在より東へ200メートルほど離れた、国道1号を越えたところにあった。

明治時代には、精進川は東海道線を越えたところから幾度も屈折して海に出ていた。しかし改修して新堀川となった後は大きくカーブしながら海に出るようになり、牛巻の湾曲部分も河口の屈折していた箇所も埋め立てられた（126頁地図）。大正9年の地図に、東海道線を越えたところで、北へ向かう流れがある。これは明治29年（1869）に開削された**姥子川《うばこがわ》運河**だ。

『尾張名所図会』の姥堂の横を流れる精進川の川幅は狭いが、鈴御前（鈴之宮）ではかなり川幅が広く描かれている。

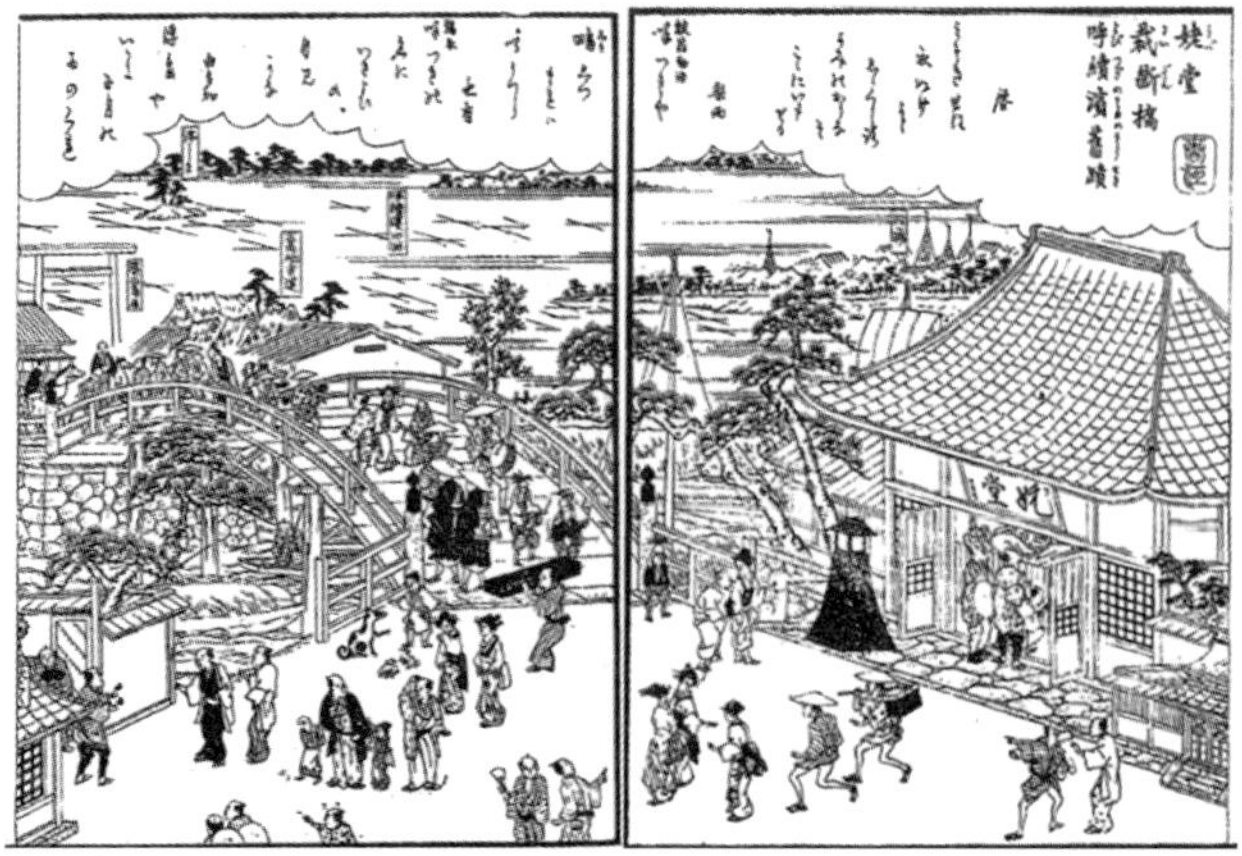
「姥堂　裁断橋」『尾張名所図会』前篇巻四。精進川に架かる断裁橋と姥堂。「鈴御前」（下）に描かれている精進川の川幅は広いが、この絵ではかなり狭く見える

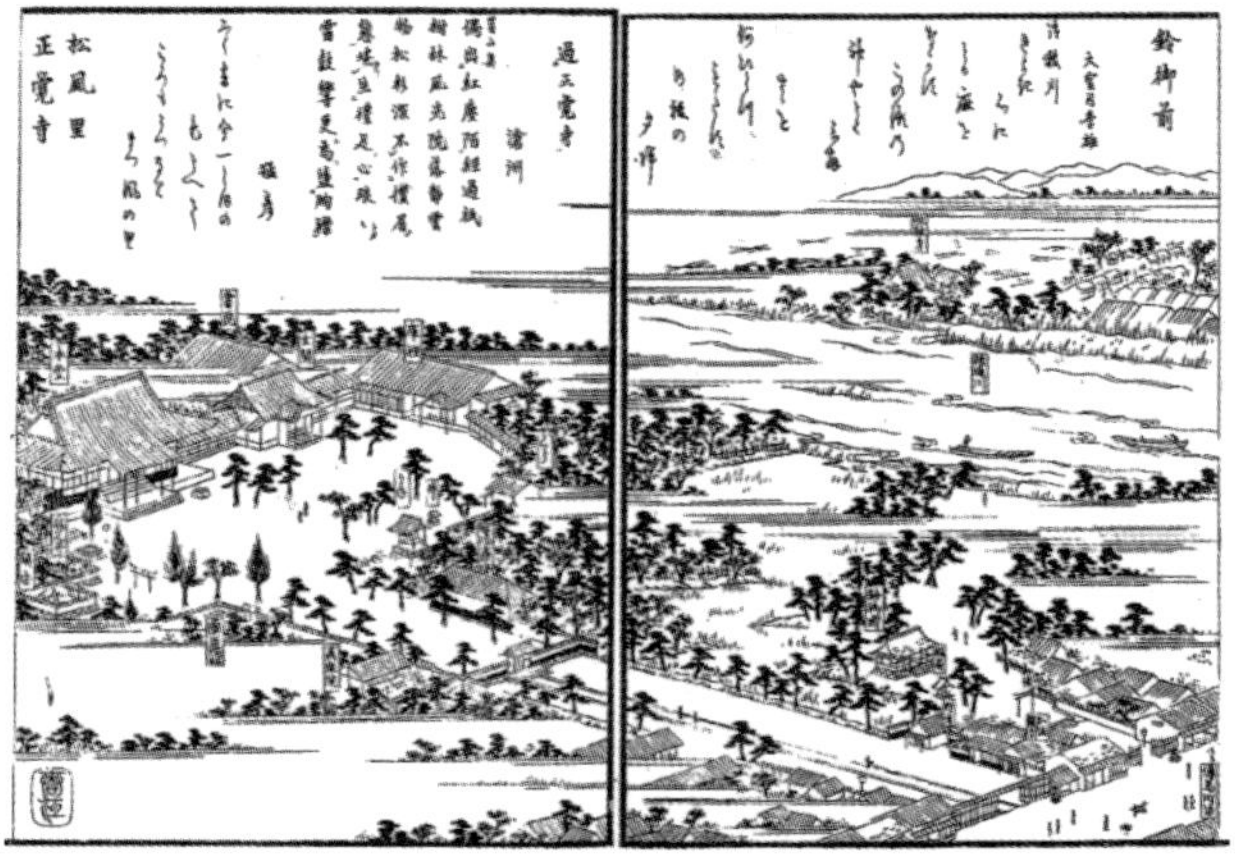
「鈴御前」『尾張名所図会』前篇巻四。現在の鈴御前と新堀川の間はかなり離れているが、江戸時代には精進川の際に建っていた

徳川家康による精進川改修計画

江戸時代の後期になると、精進川は悪水（生活用水）が流れ込み、しかも度々洪水も引き起こしていた。そのために精進川の改修が論じられてきたとされるが、精進川改修計画はすでに江戸時代初期からあった。ただ、この時は悪水や洪水が理由ではなかった。

堀川が福島正則《ふくしままさのり》によって開削されたのは慶長15年（1610）。この頃、すでに精進川を改修する計画があった。徳川家康は西国への備えとして、慶長12年（1607）に九男義直を清須城へ入城させるが、さらに尾張の守りを強固にするため、名古屋へ城を移すことにした。

城の周りには堀がつくられ、さらに守りを固めるため、城下全体を土塁や堀などで囲うことがある。これを惣構《そうがまえ》あるいは総曲輪《そうぐるわ》という。

名古屋城がほぼ出来上がり、義直が尾張藩主となった後の慶長19年（1614）に大坂冬の陣、慶長20年（1615、元和元年）に大坂夏の陣が起きた。夏の陣の帰り、家康が名古屋城に立ち寄り総曲輪の計画を明かし、その準備に取り掛かった。現在の金山あたりを含め、大曽根方面まで精進川を改修し、庄内川につなぐという壮大な計画であった。そのための測量は熱田の宮大工で安土城築城の時の棟梁を務めたとされる岡部又右衛門親子や清須城の築城を行った澤田庄左衛門が行い、熱田から古渡などの高低差を測量した。

しかし元和2年（1616）に家康が死去、豊臣方も夏の陣によって脅威ではなくなり、総曲輪計画は実行されることなく、立ち消えとなった。

城下への舟運として重要な役割を担っていた堀川だが、江戸時代後期なると、城下の繁栄に伴い混雑するようになった。堀川の水源は、当初はお堀の水と湧水であったが、寛文3年（1663）、御用水を開削し名古屋城のお堀に水を引いて、その水が堀川にも入るようになった。

一方、六郷村大字大幸《だいこう》（現・東区大幸）付近を水源とする**大幸川《だいこう》**が江川に流入していた。ところが明和4年（1767）7月の大雨で矢田川の堤防が切れ、江川の水があふれたため、天明4年（1784）、大幸

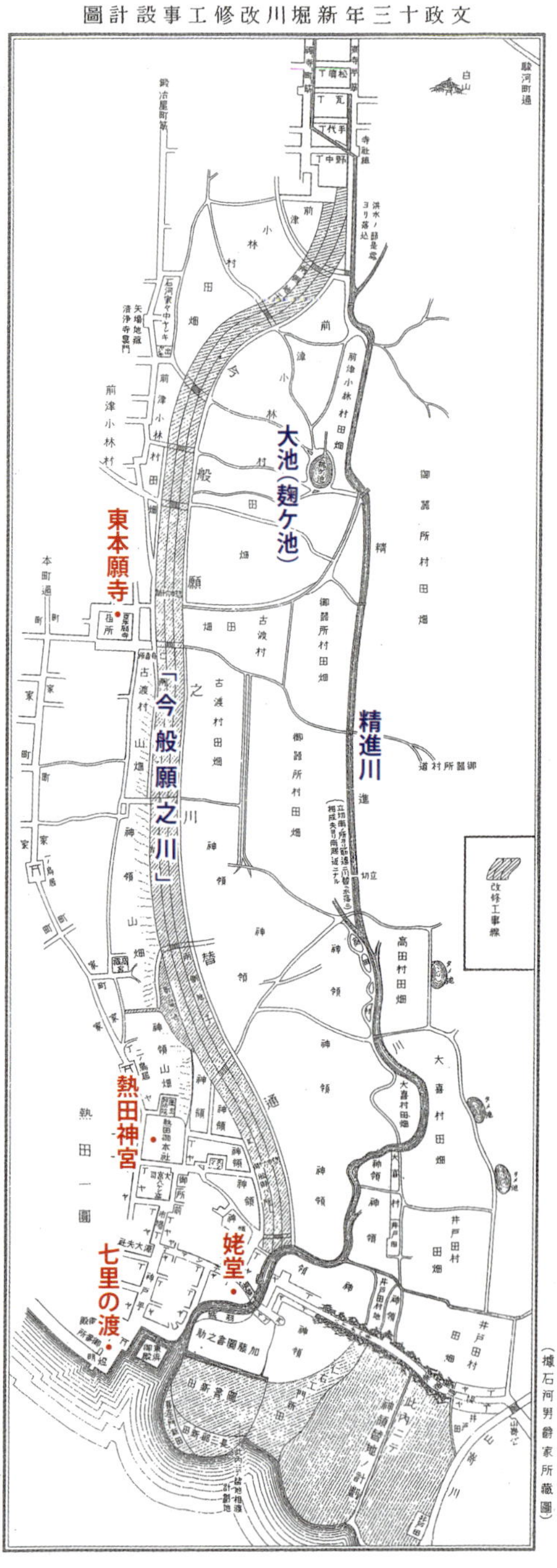

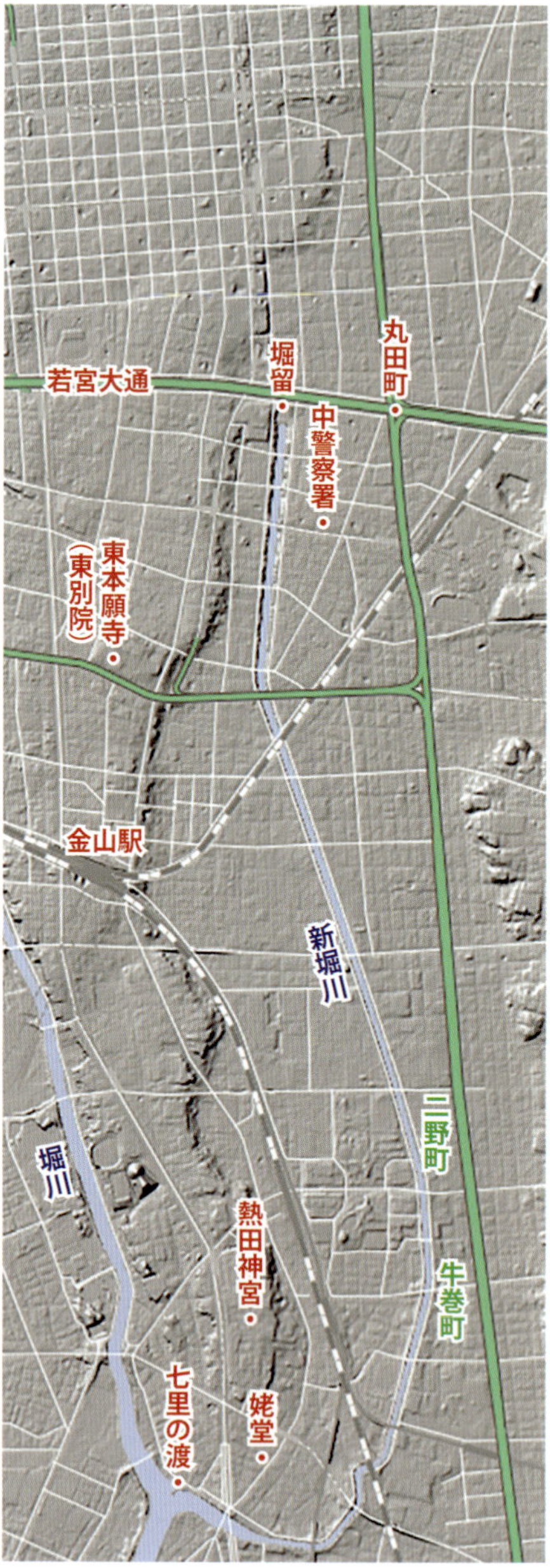

（左）文政 13 年新堀川改修工事設計図（『名古屋市史地図』より）。計画では金山、東本願寺別院の前を南北に通すようだった（右：地理院地図 Vector を加工して作成）

川の流路を江川から堀川へ付け替えた。その結果、上流域から流入する悪水の増加によって堀川の川底に砂がたまり船の運航に支障をきたすようになってきた。

そこで城下にもう一カ所、新しい運河を掘ってほしいとの願いが米穀問屋から嘆願され、文政13年（1830）に精進川の改修工事計画（124頁）が立案された。

この時の流路は現在の新堀川に近いものであった。流路の両側を地子《じし》（収穫の一部を耕作料として納める田畑）として総川幅は約108メートルという規模であった。流川と石神堂川が合流する現在の丸田町交差点あたりを運河の終点とし、それぞれの川の水を運河に落とす計画であった。しかしこの改修計画は実現しなかった。

駅と港を結ぶ姥子川運河

いまの新堀川は、JR東海道本線を越えた少し先で、一度「く」の字状に湾曲し、その後はカーブしながら徐々に西へ流れ七里の渡跡で堀川と合流している。この「く」の字に湾曲したところに**姥子川運河**（熱田運河）があった。

姥子川運河の跡

東海道線建設が決まったとき、鉄道建設資材の運搬に使われたのは海運であった。この時点で名古屋港は未だ整備されていなかった。そこで使われたのが武豊港である。JR武豊線は、武豊港で陸揚げされた鉄道資材を名古屋まで運搬するためにつくられ、明治19年（1886）に熱田駅が

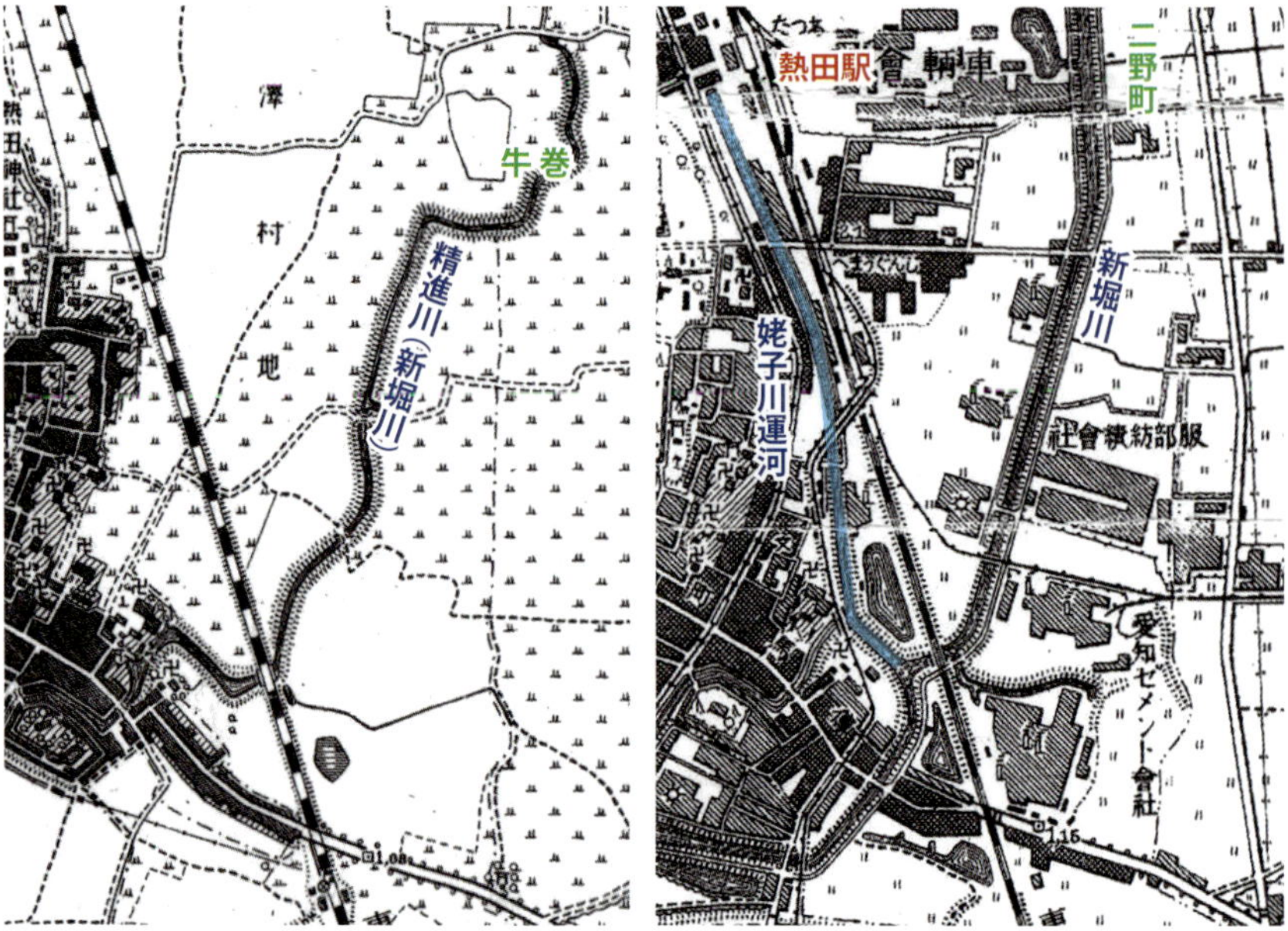

（左：明治 24 年・2 万分の 1：国土地理院）精進川は東海道線を越えたところで、何度も屈曲して海へ向かう。（右：大正 9 年・2 万分の 1：国土地理院）精進川改修後の新堀川。牛巻の湾曲部も河口の屈曲部分もなくなり、埋め立てられている。東海道線を越えたところで北へ向かう流れは明治 29 年に開削された姥子川運河

開業する。さらに熱田駅から水運を利用するため明治29年（1896）に精進川と熱田駅とを結ぶ運河が開削された。それが姥子川運河であった。熱田駅が開業した当初、熱田駅は現在の位置より1・5キロメートルほど南の精進川の南側にあったが、姥子川運河が完成した明治29年に現在の場所へ移転した。

同年には中央線の敷設工事が始まり、鉄道建設資材は姥子川運河を使い、熱田駅まで運ばれた。中央線の名古屋・多治見間が明治33年（1900）に開通すると、多治見の陶磁器が熱田駅から姥子川運河経由で熱田港に運ばれるようになった。

その後、名古屋港の整備が始まり笹島と名古屋港とを舟運で結ぶ**中川運河**の開削が昭和5年（1930）に完成する。さらに昭和7年（1932）には中川運河と堀川を結ぶ松重閘門《まつしげこうもん》がつくられ、中川運河の利用が進む一方で、姥子川運河の重要性は低下し、昭和14年（1939）に埋め立てられ、その役目を終えた。

千種駅までつなぐ新堀川運河計画

明治16年（1883）、名古屋区長（現在の市長）吉田禄在《よしだろくざい》によって精進川の改修が建議された。新しく水路をつくる理由として、名古屋の西にある堀川は幅が狭く、川底も浅い。この水路だけでは名古屋へ十分な物品を供給できない。また、名古屋の東は大きな川がなく、物品の運搬に馬などを使ってはいるが、大量輸送ができない。そこで新しく運河を設け、名古屋東部地域の発展を促すというものであった。精進川改修の趣旨は文政の改修計画とほぼ同じようなもので、この時は国道19号平田町交差点近くの飯田町（東区）を堀留《ほりどめ》にするとした。測量を二回行ったが、この時の計画は実行されることはなかった。

明治28年（1895）になると、名古屋市長は市の東部に設置される中央線停車場（千種駅）に達する運河を開削する必要があるとし、熱田港から北の千種村（千種区）へ至る河川改修を市会へ諮問した。

市会もその必要性を認めて諮問案を可決したが、この時もなぜか運河計画は実行されなかった。

明治37年（1904）に日露戦争が起き、時の政府は熱田に兵器製造所を建設することを決めた。当時の青山市長は名古屋の東部は下水排泄の改善を長年にわたり考慮してきたが、熱田に造成される兵器製造所は1・8メートルに嵩上げされるため下水放流が一層困難になると訴えた。

そこで精進川を飯田街道沿いにある白山町（中区新栄）に至るまで、幅36メートルに改修したいとの諮問案を明治38年（1905）市会に提出した。当時、中央線千種駅は広小路通の南側にあり、当初の計画では港と千種駅を運河で結ぶ計画であった。市会はこの答申を受け、精進川改修に乗り出した。

改修費は精進川を改修する時に排出される土砂を兵器製造所の造成用として売却することで賄うことができると考えた。

ただし、運河の終点は白山町ではなく、東陽館《とうようかん》筋（中区栄5丁目、東陽通）の南約70メートル、つまり、現在の堀留と同じ場所として、さらに堀留から現在の若宮大通に沿うような形で東へ約500メートルの支線を伸ばす案に変更された。支線の幅は約11メートル、水深は約1・8メートルとした。こうして明治38年（1905）10月から精進川改修工事が始まった。

明治40年（1907）に三重県で第9回関西府県連合共進会が開かれた。この共進会は農産物や工業製品の展示などを行う博覧会で、明治16年（1883）に大阪府の主催で開かれ、その後、3〜5年おきに各地で開かれていた。三重県の次に愛知県での開催が決定した。精進川の改修で出た土は熱田の兵器製造所の造成に使われることになっていたが、その際に余った土を利用して共進会の会場となる鶴舞公園を整備した。こうして明治43年（1910）10月、新堀川が完成した。

ところが改修された精進川で水死するものが多く、明治44年（1911）8月、精進川を新堀川と改めることになった。それでも、入水者が多く、新堀川では

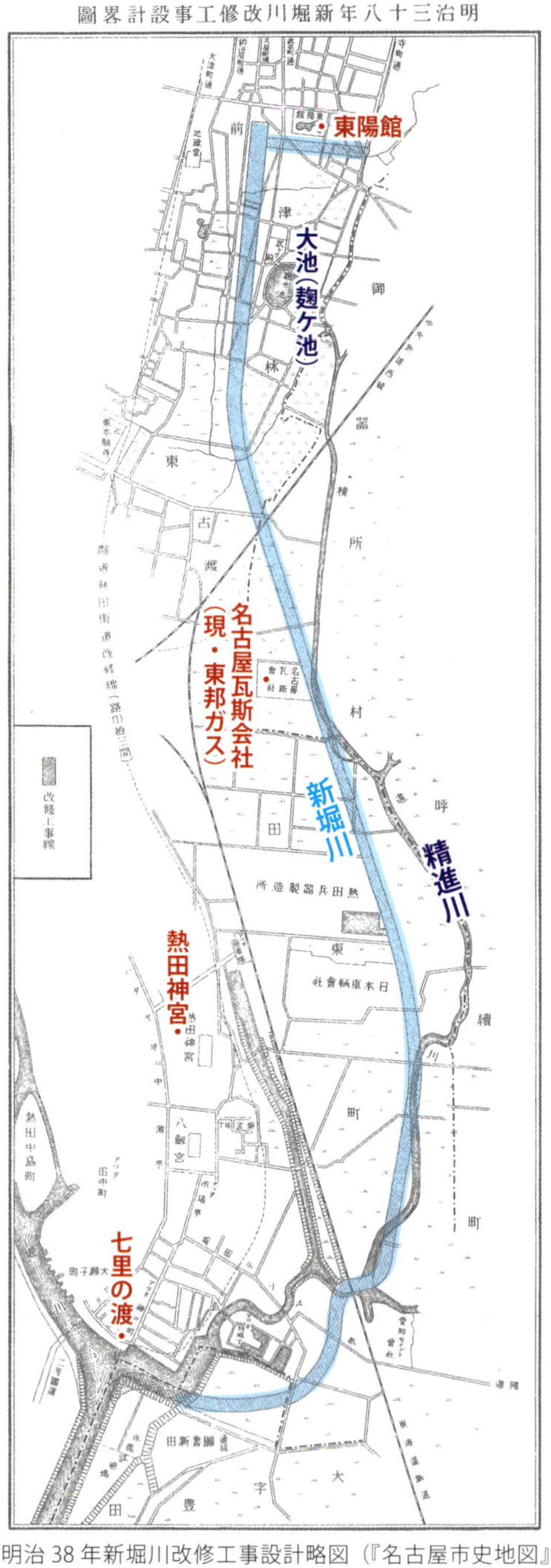

明治38年新堀川改修工事設計略図（『名古屋市史地図』より）。現在の新堀川に近い場所になっている

なく「死に堀川《し》」と揶揄されたこともあったという。

名古屋最初の都市計画事業・山崎川運河計画

道路網や鉄道網が現代のように発展していない戦前は、運河が物流の大きな役割を担っていた。大正9年（1920）に都市計画法が施行されると、道路計画網とともに運河網も都市計画事業となった。名古屋市では大正13年（1924）に都市計画街路網及び運河網計画が決定した。この事業は名古屋における最初の都市事業計画となった。

計画では**中川**、**荒子川**、**山崎川**、**大江川**の四川をそれぞれ河口から北または東に開削し、それに堀川を合わせた運河の五大幹線をつくり、さらに各運河を連絡運河で結ぶというものであった。

中川運河と荒子川運河は下流部の幅約91メートル、上流部の幅約64メートル、山崎川運河と大江川運河は幅約64メートル、連絡運河の幅は約45メートル及び36メートルとした。

名古屋にはもともと堀川があり、明治43年（1910）には新堀川が完成していた。ただ、これらの運河の上流部は狭小で工業運河としての役割が十分ではなかった。しかも拡張したいという要望もそれほどはなかった。

一方中川、荒子川、山崎川、大江川は河口の一部を除いて幅は狭く、水深も浅いため、そのままでは運河としての役割を果たせない。そこで、道路計画との関連で運河の五大幹線計画が考えられ、名古屋港から放射状に運河を整備しようというものであった。この計画によって、一番距離の長い中川運河は大正15年（1926）に起工し、昭和5年（1930）に竣工した。

二番目に長い荒子川運河は河口から北へ進み、最後は東へ伸ばして中川運河と結ぶ計画であったが、名古屋市会の同意が得られず計画が進まなかった。戦後になりしばしば計画変更が行われたが、最終的には昭和54年（1979）に計画廃止となった。ただ、荒子川公園と中川運河を結ぶ1・3キロメートルの中川運河の支線は荒子川運河と呼ばれている。

大江川運河は昭和14年から改修工事に着工し、昭和21年には完成する予定であったが戦争と経済の悪化によって結局は完成することはなかった。

山崎川は南区の忠治橋《ちゅうじ》から下流まで、川幅は狭いところで20メートル、水深も1・8メートルから2・2メートルしかなかったので、河口までの川幅を64メートルまで拡幅しようと昭和12年（1937）度より着工した。しかし戦争による経済状況の変化などによって河口から3900メートルまでは着工したが昭和19年に工事は中断された。当初計画はさらに上流約3000メートルについても運河に改修する予定であったが、結局、実行されなかった。

名古屋の発展を担った新堀川

精進川は、名古屋東部にあった上流部まで改修されることはなかった。それでも、新堀川として改修され、昭和区・瑞穂区と熱田区の境を流れ、右岸には多くの工場がつくられた。神宮東公園から日本ガイシの敷地のあたりには、かつて熱田兵器製作所があった。

鶴舞公園と上前津の間に架かる橋の名は記念橋。明治43年（1910）に鶴舞公園で開かれた関西府県連

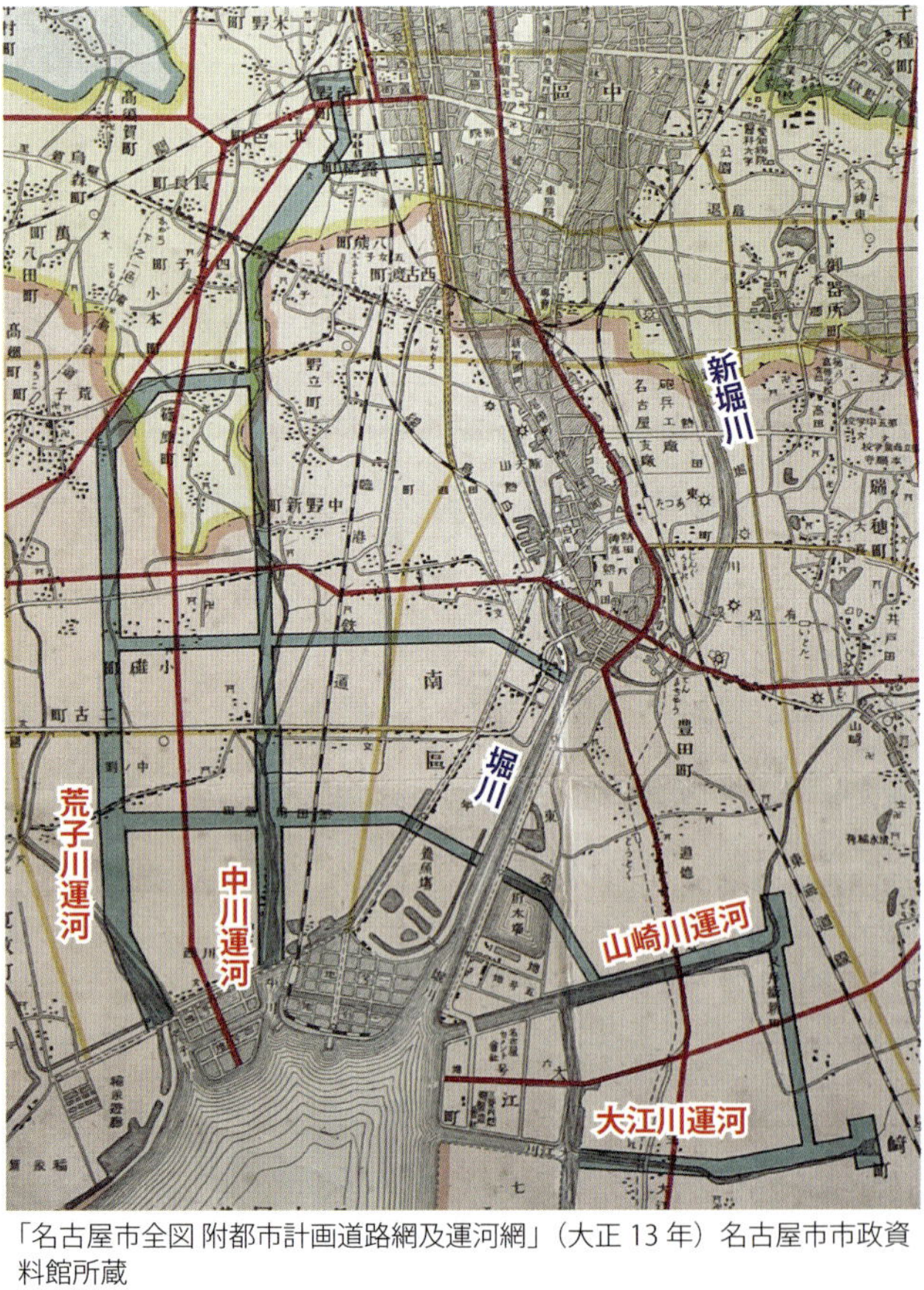

「名古屋市全図 附都市計画道路網及運河網」（大正 13 年）名古屋市市政資料館所蔵

合共進会を記念して架けられた橋だ。このあたりから下流にかけて運河から荷を揚げる場所があった。

大正から昭和にかけ新堀川となった精進川はさまざまな原材料や製品が運ばれ、名古屋の発展に大きな役割を果たした。だが、今は運河としての役割をほとんど終え、人々の暮らしに欠かせない下水の排水路として、重要な役割を担っている。

山崎川と新堀川

山崎川は名古屋東部の新田開発に大きな役割を果たした。猫ケ洞池をつくり、用水路が引かれ、そこから何本も枝分かれし多くの田畑へ導かれた。猫ケ洞用水を引けなかった山崎川左岸（東）には多くのため池が築かれた。こうして名古屋東部の田畑を潤した水は、再び山崎川に戻されるか精進川へ落とされた。

一方、精進川は名古屋の北東部や東部の豊富な湧水を何本も集めたが、農業用の水としてはそれほど使われてはいなかった。精進川右岸（東）には大池（麴池）しかない。左岸（西）にあったため池も、猫ケ洞池から水を引き、精進川へ水を落としていた。

精進川の水源地は東寺町や御下屋敷のあった地域で、山崎川流域に比べ農地よりも住宅地が多かった。また山崎川は浅く舟運にはあまり適していなかった。運河計画によって忠治橋（南区）の南岸に荷上場が設置されたが、太平洋戦争の勃発によって中断された。

山崎川も新堀川も今では全く別々の川として名古屋市内を流れているが、かつては共通の水源をもっていた。しかし二本の川はかなり異なる歴史を綴った。

もしも「精進川運河」計画が千種駅あたりまで実行されていたら、名古屋の風景は今とはずいぶん違っていたものになっていただろう。そこに「山崎川運河」計画が実施されていたなら、名古屋はどのように発展したのだろう。

これらの運河計画が実現しなかったのがよかったのかどうかはわからない。ただ、これからも治水や環境、都市計画などによって山崎川も新堀川も変貌していくことだろう。

参考資料

- 『尾張名陽図会』　名古屋市鶴舞中央図書館
- 『尾張名所図会』
- 『尾張名所図絵』
- 『寛文村々覚書』（『名古屋叢書 続編』名古屋市教育委員会）
- 『尾張徇行記』（『名古屋叢書 続編』名古屋市教育委員会）
- 『名古屋府城志』（『名古屋叢書』名古屋市教育委員会）
- 『名古屋市史』（大正5年）名古屋市
- 「村絵図　愛知郡　寛政」　徳川林政史研究所
- 「村絵図　愛知郡　天保」　徳川林政史研究所
- 「村絵図　愛知郡　弘化」　徳川林政史研究所
  ※名古屋市鶴舞中央図書館に複写あり
- 「愛知郡村邑全図」（寛政）　愛知県図書館デジタルアーカイブ
- 「建中寺松元池掘割図」　名古屋市蓬左文庫
- 『蓬左遷府記稿』　加藤品房　名古屋市西図書館写本
- 『愛知郡村史』　名古屋市政資料館
  ※以下は『愛知郡村史』に収録。『田代村誌』『瑞穂村誌』『常盤村誌』『千種村誌』『弥富村誌』『広路村誌』（明治12年）
- 『尾張国愛知郡誌』（明治22年）
- 『尾張国愛知郡誌』（大正9年）
- 「千種耕地整理組合街並字区域変更及び字名改称図」　名古屋市政資料館
- 「明治17年地籍図」　愛知県公文書館
- 『昭和区誌』昭和区制施行50周年記念事業委員会
- 『千種区史』千種区制施行50周年記念事業実行委員会
- 『瑞穂区誌』瑞穂区制施行50周年記念事業実行委員会
- 『瑞穂区の歴史』山田寂雀　愛知県郷土資料刊行会
- 『南区の歴史』三渡俊一郎　愛知県郷土資料刊行会
- 『天白区の歴史』浅井金松　愛知県郷土資料刊行会
- 『瑞穂区の地名・町名考』瑞穂ファーラム
- 『大名古屋』名古屋市役所
- 『南区の歴史』郷土資料刊行会
- 『千種村物語』小林元　ブックショップマイタウン
- 『瑞龍公實録』徳川黎明会徳川林政史研究所　八木書店
- 『地方古義』名古屋市蓬左文庫
- 『鸚鵡籠中記』（『名古屋叢書 続編』名古屋市教育委員会）
- 『尾藩世紀』（『名古屋叢書』名古屋市教育委員会）
- 『金鱗九十九之塵』（『名古屋叢書』名古屋市教育委員会）
- 中部日本新聞　昭和37年3月20日
- 「精進川運河計画 新堀川改修事業 明治28年度諮問第3号」（『名古屋市史　政治編』名古屋市）
- 「二級河川山崎川水系河川整備基本方針」名古屋市（平成25年）
- 『事業完成記念写真帳』石川土地区画整理組合

あとがき

かつて池があったとされる場所は、周囲に比べ若干低くなっているとか、少し盛り上がった堰堤の跡と思われるものを見かけることがある。川を埋め立てたり、暗渠にして道路をつくっても、道そのものが周囲より若干低い場所になるなど、かつてそこに川があったのではないかと想像できる。また、近くの直線的に延びている道とは異なり緩やかなカーブを描いたり、道幅が異なっていたり、他の道と不自然な交わり方をしている場合は、川の跡ではないかと疑ってみてもいい。

ところが名古屋市内を歩いてみても、池や川の跡と思われるところを見つけることが容易ではない。たまに周囲より細く、曲線的な道があっても、昔の村道がそのまま取り残されたものか、あるいは川が流れていた跡なのかほとんど判断できない。

かつて池や川のあった場所を探す手がかりとなるのが明治、大正時代につくられた地図だ。そこには、いまよりも多くの池や川が記載されている。明治、大正につくられた地図と、現在の地図を見比べると、現在は公園、学校、公共施設などが作られていても、敷地全体の形状がかつての池の形と似ている場所がある。

名古屋は、台地の上に築かれた城下町だ。台地の上はそれほどの高低差はなかった。東京のように「坂」や「谷」のつく地名も、千種区や名東区といった市東部を除けば、ほとんどない。だからといって名古屋に池や川がなかったわけではない。

ただ、その多くはため池や用水路であり、平坦な地形のところにつくられていたものが多い。

これらは昭和の初めに行われた土地区画整理事業や、耕地整理事業、さらに戦後の都市復興事業、宅地開発などで埋められ、地形として見分けがつきにくくなったのだろう。

今池、布池、池上など、池の名前が町名として残されている所もあるが町名変更によってこれも少なくなった。江川線、笈瀬通、小川交差点、池田公園など、かつての川や池の名前が地名などとして残されている場合であっても、そこに川が流れ、池があったことを知らない人も多い。

名古屋市内にもたくさんの川が流れ、池があったことを知ることで、住んでいる町に対する見方が少しは変わるかもしれない。

今回の執筆に当たり、名古屋蓬左文庫の坂東様、名古屋市市政資料館の太田様、八事杁中歴史研究会代表の横井様を始めとした会員の方々には大変にお世話になりました。紙面を借りて改めて御礼申し上げます。

［著者略歴］
前田 栄作（まえだ・えいさく）
1950年、名古屋市生まれ。
愛知大学文学部哲学科卒。フリーライター。著書に『虚飾の愛知万博』（光文社）『尾張名所図会 絵解き散歩』『尾張名所図会 謎解き散歩』『完全シミュレーション 日本を滅ぼす原発大災害』（風媒社）がある。八事・杁中歴史研究会会員。

名古屋から消えたまぼろしの川と池

2024年9月25日　第1刷発行　（定価はカバーに表示してあります）

著　者　　前田　栄作

発行者　　山口　章

発行所　名古屋市中区大須1-16-29
電話 052-218-7808　FAX052-218-7709　風媒社《ふうばいしゃ》
http://www.fubaisha.com/

＊印刷・製本／シナノパブリッシングプレス　
ISBN978-4-8331-4321-9